Yufuin

유후인 료칸 여행

정태관 · 장희정 지음

작고 아늑한 온천 마을에 머물다

BOOKERS

휴식과 여행이 함께 있는 곳, 유후인

유후인은 내게 각별한 곳이다. 일본의 거의 모든 지역을 방문했지만, 가장 가고 싶은 휴가지나 가족 여행지를 꼽으라면 일말의 고민 없이 유후인을 선택할 만큼. 여행사에 근무하며 료칸 여행을 문의하는 분들에게 가장 많이 추천했던 곳이 유후인이고, 유튜브에 유후인 료칸 영상을 올리면 댓글로 또 유후인이냐며 '또후인'이라고 하는 구독자들이 있을 정도이다. 조용한 시골 마을 유후인을 이렇게까지 좋아하는 이유는 유후인에서 일상을 살아내며 여행객을 맞이하는 마을 사람들, 그들이 진심으로 사랑하는 곳이기 때문이다.

옛날이야기를 하나 하자면, 유후인 마을은 70여 년 전에 물속으로 사라질 뻔했던 곳이다. 1952년 긴린코 호수를 포함한 유후인 분지 일대를 수몰시키고 댐과 수력발전소를 짓는다는 정부 계획이 발표되었다. 당시 온천을 이용한 별장이나 료칸이 몇 있긴 했지만 대다수는 농사를 지으며 살았기 때문에 막대한 보상금을 받고 마을을 떠나는 데 찬성했다. 하지만 도쿄대 출신의 젊은 의사 이와오 히데카즈와 마을 청년들이 주축이 되어 반대 운동을 벌였고 댐 건설은 백지화된다.

이들은 이후 1954년 일본 자위대가 창설되며 주둔지를 찾고 있을 때 유후인에 군부대를 유치하기 위해 앞장섰다. 당시 유후인은 재정 자립도가 낮아 관광 인프라는커녕 생활기반 시설도 부족했는데, 군부대 유치 시 받게 되는 보조금으로 이를 해결할 수 있고, 군인과 군인 가족들에 의한 경제 활성화가 이루어질 수 있다고 기대했기 때문이었다.

농업만으로는 마을이 유지될 수 없다고 생각한 마을 청년들은 마을 주민과 지자체와 협력해 유럽의 온천 마을에 견학을 다녀오기도 하고, 풍경을 해칠 만한 건물의 신축을 제한하는 등 관광객을 유치하기 위한 노력을 기울였다. 덕분에 유후인은 시골 마을이면서도 볼거리, 즐길거리가 풍부하고 선택의 폭이 다양한 숙소가 준비되어 있는 일본에서도 상당히 드문 여행지가 되었다. 마을을 지키고자 했던 과거 마을 청년들의 노력은 지금까지도 이곳의 수많은 료칸을 비롯해 유후인 곳곳에 고스란히 녹아있다.

유후인 료칸 여행을 가장 '잘' 하는 방법은, 여행객의 취향에 따라 조금씩 다를 수 있지만, 고즈넉한 시골 마을 그 자체를 즐기는 것이다. 상점가를 둘러보고 맛있는 간식을 맛보는 것도 좋지만 코로나 이후의 오버투어리즘 상황에서 상점가 맛집들은 너무도 많은 사람들이 몰려 예전의 풍경과는 조금 다르게 변화하고 있다.

하지만 상점가 중심에서 조금만 벗어나면, 오랫동안 변하지 않고 지켜온 풍경이 그대로 남아있다. 바쁘게 돌아다니며 볼거리를 찾는 일은 일상에서도 충분하고 일본의 다른 여행지에서도 가능하다. 유후인에서는 유후인의 시골 풍경을 즐기는 것, 료칸에서 몸도 마음도 편히 쉬는 것, 이것이 유후인 료칸 여행을 가장 잘 즐기는 방법이리라.

유후인의 아름다운 풍경을 지키고 있는 현지 주민들과 관련 종사자들, 료칸 숙박 후 가감 없는 후기를 전해주는 분들, 혼자서는 다른 데 다 다니면서 우리랑은 유후인만 간다고 불평하다가도 함께 가면 언제나 즐거워하는 가족들, 영상을 재밌게 봐주시는 유튜브 채널 구독자님들과 멤버십 회원님들, 책을 쓰고 책이 나오기까지 도움을 주신 분들, 그리고 이 책을 읽어주시는 모든 분들에게 이 자리를 빌려 감사의 인사를 전하고 싶다.

언젠가 유후인을 다녀갈, 혹은 이미 다녀왔지만 또 유후인에 갈 당신들 모두가 그곳에서 행복한 추억을 남길 수 있기를.

Contents

료칸 여행을 즐기기 위해 알아야 할 것들

intro 1

일본의 환대문화를 경험하고 싶다면, 료칸의 정의

일본 여행을 계획하고 있는 사람이라면 누구나 한 번쯤은 묵어보고 싶은 료칸. 해마다 많은 사람들이 료칸을 경험하기 위해 일본을 찾는다. 그렇다면 대체 료칸이란 무엇일까. 료칸의 어떤 매력이 사람들을 료칸에 머물고 싶게 하는 것일까.

료칸 vs. 호텔

료칸은 일본의 문화와 전통을 체험할 수 있는 숙박시설이다. '여관(旅館)'이라는 한자를 쓰고 있지만 우리나라의 '여관'과는 다른 개념으로, 일본의 환대문화를 가장 잘 경험할 수 있는 곳이기도 하다.

료칸이라고 하면 흔히 다다미방과 온천, 가이세키 요리를 떠올린다. 일본에만 있는 독특한 숙박 형태로 생각하기 쉽지만 의외로 료칸을 호텔과 명확히 구분하는 규정은 없다. '산속의 호텔 무소엔'처럼 이름에 '호텔'이 붙기도 하고, 때때로 전 객실이 서양식 침대로 된 곳도 있다. 객실 수가 300개 이상인 대규모 시설도 료칸으로 불린다.

온천 시설 역시 료칸의 필수 사항은 아니다. 없는 곳도 있고, 있어도 아주 작은 실내온천만 있는 곳도 있다. 그나마 저녁식사 제공이 차별점인데 그마저도 최근에는 제공하지 않는 경우도 있다. 가이세키 요리 대신 뷔페식 석식을 내는 곳이 있어서 이 역시 료칸과 호텔을 구분하는 기준은 아니다.

료칸을 료칸답게 만드는 것, 오모테나시

그렇다면 료칸을 호텔과 구분하는 기준은 무엇일까. 정답은 '오모테나

시'이다. 오모테나시란 '오모테(겉면)'와 '나시(없음)'가 결합한 말로 손님을 맞이할 때 정성 어린 마음을 갖추는 것, 단순히 손님을 환대한다는 것 이상으로 손님이 필요로 하는 것과 원하는 것을 손님보다 먼저 생각해내고 바라는 것 없이 순수한 마음으로 서비스를 제공하는 것이다.

오모테나시는 일본의 모든 서비스업에 적용되는 환대 문화이다. 택시 기사들이 내려서 트렁크에 짐을 실어주고, 음식점에서 따뜻한 물수건을 두 손으로 건네고, 가방을 바닥에 내려놓지 않도록 바구니를 준비하고, 편의점에서 물건을 담기 편하게 비닐봉투의 양쪽 손잡이를 살짝 돌려서 잡기 편한 모양으로 전해주는 것, 이 사소한 행동들이 모두 오모테나시이다.

료칸에서 체험하는 오모테나시

도착 전

료칸의 오모테나시는 예약하면서부터 시작된다. 불과 몇 년 전까지만 해도 대부분 전화나 팩스로 예약을 받았는데, 예약자의 목소리와 말투로 연령대나 성향 등을 파악해 이에 맞춰 각자 다른 서비스를 제공했다. 예약 후에는 우편으로 료칸의 정보가 담긴 안내책자 등을 발송했다.

지금은 주로 인터넷으로 예약을 받는데 이전과 크게 다르지 않다. 최대한 많은 정보를 사전에 확인한다. 일본의 예약사이트 자란넷, 잇큐 등을 통해 예약하면 성별, 연령대, 재방문 여부, 알레르기 유무, 이용 교통편, 체크인 예정 시간 등을 꼼꼼하게 적게 되어 있다.

료칸에 따라 송영 서비스를 제공하기도 하는데 대부분이 11인승 차량 한 대 정도를 운영하기 때문에 비슷한 시간대에 사람이 몰릴 경우 다른 숙박객과 함께 타거나 앞선 손님이 먼저 이용한 후 서비스를 받기도 한다. 유후인 3대 명가 중 하나인 산소무라타는 송영 차량 대신 택시 이용 시 요금을 대신 지불한다.

도착 후

체크인 전 로비에서 또는 객실 안내 후 웰컴 스위츠를 제공한다. 보통은 지역의 특산품을 이용한 화과자(주로 유자와 비슷한 유후인 명물 카보스를 활용)와 차다. 일본어로는 '오츠키카시'라고 하는데, 단순히 환영의 의미만을 갖는 것이 아니라 안전한 입욕을 돕는 역할도 한다. 보통 료칸은 도심에서 2~3시간 떨어진 깊은 숲속이나 계곡 근처에 있어 오는 데 적지 않은 시간이 걸리고, 긴 여정으로 인한 피로 때문에 혈당이 낮아질 수 있는데 이때 온천을 하면 위험하다.

체크인 수속을 마치면 나카이(中居, 료칸의 접객 담당 직원)의 안내를 받아 객실로 이동한다. 나카이는 숙박객이 도착하는 순간부터 떠나는 순간까지 숙박객의 모든 일정을 담당하며 보다 높은 서비스를 제공한다. 고급 료칸이라고 해서 숙박 기간 동안 한 명의 나카이가 전담하는 것은 아니고, 보통 교대 근무를 한다. 일반적으로는 여성이나 남성인 경우도 있다.

나카이 외에도 료칸 스태프로 오카미(女将)와 반토(番頭)가 있다. 오카미는 료칸의 얼굴로서 여주인이라 번역하기도 하는데, 실제로 료칸 대표 또는 대표의 가족인 경우도 있지만 총괄 서비스 매니저같이 직원 중 직급이 높은 여성을 의미하기도 한다. 주로 기모노를 착용하고 나카이들의 접객 태도를 체크해 서비스가 유지될 수 있도록 관리한다. 반토는 경영 관리 매니저라고 할 수 있다. 료칸의 시설을 살피고, 영업 및 인사 등을 관리한다.

체크아웃 시에는 고객이 보이지 않을 때까지 인사를 한다. 이로써 오모테나시와 인생의 마지막 인연 '이치고이치에'가 끝났다고 생각하기 쉽지만, 고급 료칸의 경우 숙박 고객의 리스트와 숙박 중 요청했던 특이사항 등 필요한 데이터를 모두 기록해 두고 재방문 시 이를 기반으로 하여 더 심화된 맞춤 서비스를 제공한다.

intro 2

현재의 편안한 휴식처가 되기까지, 료칸의 역사

일본 료칸의 역사는 천 년 이상을 거슬러 올라간다. 그 옛날 고된 여행을 해야만 했던 서민들이 잠시 쉬어가는 구제 시설에서 현재의 편안한 휴식처가 되기까지, 오랜 시간에 걸쳐 내려온 전통을 이어가고 있는 료칸은 일본 문화를 몸과 마음으로 체험하는 공간이다.

숙박시설의 기원, 후세야

일본에 숙박업소라는 개념이 생겨난 것은 약 1500년 전 나라 시대(710~784)부터다. 당시 일본의 서민들은 율령제에 따라 조세와 노역, 병역을 부담해야 했는데 세금을 걷어가는 것이 아니라 멀리까지 직접 가서 납부를 해야 했다. 노역과 병역을 위해 이동하는 데 드는 비용도 마찬가지. 몇 날 며칠을 원치 않는 여정을 감내해야 했던 서민들은 노숙하며 굶

주림과 병에 시달렸다. 이들을 돕기 위해 불교 사찰을 중심으로 여러 지역에 후세야(布施)라는 시설이 지어졌고 이곳에서 숙박과 식사, 의료 서비스가 무료로 제공되었다('후세야'를 한자로 표기하면 '보시'이다). 후세야는 숙박시설의 기원으로 여겨진다.

일종의 템플스테이, 슈쿠보

후세야 다음으로 등장하는 숙박시설은 불교 사원에서 운영하는 슈쿠보(宿坊)로 일종의 템플스테이다. 슈쿠보는 오사카 근교 고야산과 나가노현 젠코지 주변을 중심으로 여전히 명맥을 이어가고 있다. 헤이안 시대에는 지방 호족, 귀족들을 중심으로 불교 성지 여행이 활발해져 불교 사원에 숙박하는 일이 많아졌고 이는 슈쿠보로 발달하게 된다. 초기에는 귀족과 특권층만이 머물 수 있었지만 가마쿠라 시대에는 무인과 서민들도 숙박이 가능해졌다.

슈쿠보는 다다미 객실을 갖추었고 온천이 있는 곳도 있으며 저녁식사를 제공하는 등 료칸과 유사한 부분이 많다. 음식은 불교 사원에서 운영하는 만큼 채식으로 된 사찰 음식이 제공된다. 숙박 기간 중 승려와 함께 명상, 불화 그리기, 다도 등 종교와 관련한 문화 체험도 할 수 있다. 특이한 것은 객실에 문이 있으나 많은 경우 잠금장치가 없다는 사실이다. 이곳에 숙박하는 이들은 불경한 짓을 저지르지 않을 것이라는 믿음이 있기 때문이라고 한다.

현대의 료칸과 가장 유사한 형태, 혼진과 하타고

헤이안 후기부터 천왕의 권력이 약해지면서 다이묘가 지방을 통치하는 전국시대로 접어들게 된다. 다이묘는 천왕이 임명하는 실질적 권력을 지닌 쇼군에게 충성을 다해야 했고, 쇼군은 지방의 다이묘를 견제하고자 다양한 제도를 시행했다. 그중 가장 잘 알려진 것이 산킨코타이. 다이묘는 1년마다 자신의 영지와 수도에 교대로 거주해야 했고, 수도까지 이동하는 데 오랜 시간과 많은 인원이 동원되었다. 매년 수많은 이들이 수도로 이동을 하면서 도로가 발달했고, 주요 도로 곳곳에 역참이 생겼다. 숙박시설도 예외는 아니며, 이들 숙박시설이 모인 곳을 가리켜 슈쿠바(宿場)라고 부르기 시작했다.

슈쿠바의 숙소는 다이묘와 귀족이 이용하는 혼진(本陣), 일반 여행객이 이용하는 하타고(旅籠)와 기친야도(木賃宿)로 나뉜다. 이 중 가장 하층민이 이용하던 기친야도는 식사가 제공되지 않고 땔감도 직접 구해와야 했다. 지금까지도 가장 저렴한 숙소의 형태로 남아 있으며, 1931년에 간이료칸으로 이름이 바뀌었다.

식사를 할 수 있는 혼진과 하타고는 현대의 료칸과 가장 유사한 형태의 숙박시설이다. 혼진은 고급 료칸, 하타고는 일반적인 료칸이라 할 수 있다. 여물을 담는 통이라는 뜻의 하타고는 말이 주요 교통수단이던 시절에 가장 번성했으나 19세기 이후 철도망이 부설되면서 철도역을 중심으로 새로운 숙소가 들어서며 쇠퇴하기 시작했다.

소박한 밥상에서 다채로운 코스 요리로

한편, 메이지 유신(1868) 이후 육식이 허용되면서 숙박시설에서 제공하는 식사도 다채로워졌다. 675년 덴무 천황이 육식을 금지한 이래 천 년이 넘는 시간 동안 고기를 먹을 수 없었다. 일본의 기본적인 음식문화는 국 하나와 세 가지 반찬을 뜻하는 1즙 3채로서 채소와 콩, 생선류의 단출한 구성이다. 초기의 료칸 역시 1즙 3채를 기본으로 하는 간단한 식사를 내었을 것이다. 그러나 메이지 유신 이후 소고기, 돼지고기, 닭고기 등의 육류를 사용할 수 있게 되면서 보다 다양한 메뉴의 코스 요리로 발전하게 된다.

일본에서 처음 숙박시설이라는 개념이 생겨난 이래로 줄곧 음식을 내는 일은 큰 의미를 지녀왔고, 시대가 흐르며 식사는 점차 화려하게 변했다. 그러나 코로나 이후로 관광업계 전반에 인력난이 심화하면서 도심에서 떨어진 시골 마을 유후인 역시 직격탄을 맞았다. 최근 유후인의 일부 료칸은 부족한 인력으로 인해 어느 정도 객실 예약이 이루어지면, 식사가 포함되지 않은 상품만을 판매하기도 한다.

료칸에서 즐기는 온천

료칸하면 온천이 떠오르지만 사실 모든 료칸에 온천이 있는 것은 아니다. 하지만 온천 용출량과 원천 수가 전국 2위인 유후인의 모든 료칸에는 온천이 있다. 료칸마다 온천 시설이 다르고 온천의 형태가 료칸 선택의 기준이 되기도 하므로 료칸을 예약하기전 어떤 스타일의 온천을 갖추고 있는지 확인할 필요가 있다.

노천온천

실외에 목욕시설을 갖추어놓은 것으로 탁 트인 풍경에서 온천을 즐길 수 있다. 일본 온천의 시초도 노천온천이기에 가장 오래된 온천 형태라 할 수 있다. 근대에 들어서면서 한동안 실내온천이 주를 이루다가 1980년대 버블경제시대에 온천지가 개발되면서 다시 노천온천이 증가했다. 유후인에 있는 거의 모든 료칸에 노천온천이 있으며, 원천 용출량이 많아서 온도 변화가 크지 않다.

대욕장

료칸의 공용 실내욕장을 일컫는다. 큰 욕실을 뜻하는 이름과 달리 규모가 작은 곳도 있고 노천온천으로의 연결구 역할만 하기도 한다. 대부분 노천온천을 선호하지만 고령자와 고혈압 등의 기저질환이 있는 경우는 급격한 온도 변화를 피할 수 있는 실내온천을 이용하는 것이 좋다. 노천온천처럼 개방감을 느낄 수 있도록 큰 창을 설치하거나 창문을 열어두는 곳도 있으며 이 경우 반노천온천(한로텐부로)으로 부르기도 한다.

남녀혼탕

일본의 온천 문화로 혼욕을 떠올리는 사람이 많은데, 정확한 기록이 없기 때문에 언제부터 혼욕을 했는지 알 수 없으나 가마쿠라 시대 이전이라는 설이 있으며 나체 혼욕은 에도 시대부터라는 주장도 있다. 메이지 유신 이후 외국인들의 시선을 의식해 혼욕을 금지하기도 했으며 현재 후생노동성 지침에는 '10세 이상의 남녀는 혼욕하지 않는다'고 명시되어 있다. 그러나 이는 어디까지나 지침일 뿐이고 지자체마다 다른 조례를 갖고 있다. 실제로 지방 소도시 온천에는 아직까지 남녀혼탕이 남아 있다.

가족탕

정해진 시간동안 단독으로 일행만 사용할 수 있는 온천탕. 료칸마다 이용 방법이 다르고 같은 료칸이라도 가족탕마다 사용 방법이 다른 경우도 있으니 규정을 잘 확인하자. 자유롭게 이용할 수 있는 가족탕은 들어가기 전 입구의 팻말을 살펴봐야 한다. 사용 중(使用中) 또는 입욕 중(入浴中) 팻말이 있으면 다른 사람이 이용 중이니 들어가서는 안 된다. 유후인 료칸의 가족탕은 대부분 숙박객이라면 무료로 이용할 수 있다.

남녀 이리카에

남탕과 여탕이 시간에 따라 바뀌는 것은 일본 온천 문화 중 하나다. 이를 이리카에라고 하며 온천장 입구의 천막인 노렌으로 확인할 수 있다. 남탕은 주로 파란색 계열에 男の湯가, 여탕은 붉은색 계열에 女の湯가 쓰여 있다. 남녀 이리카에를 하는 이유로 남탕의 양기와 여탕의 음기를 교환하기 위해서라는 말도 있는데 이는 전혀 근거 없는 이야기다.

족욕/수욕탕

일본의 온천 마을 중에는 열차 역내 승강장에 온천시설을 갖춘 곳이 제법 많다. 유후인도 그중 하나. 이용료는 200엔이고 작은 수건이 포함되어 있다. 료칸 슈호칸, 야스하 앞에도 무료로 이용 가능한 족욕 시설이 있으며, 유후인역 바로 앞 상점에는 수욕탕이 설치되어 있다.

사우나/암반욕

온천 입욕의 하나로 볼 수 있으나 규모가 작은 료칸 시설이 많은 유후인에서는 좀처럼 보기 어렵다. 암반욕은 카제노모리 료칸, 사우나는 하나무라 료칸에 설치된 정도이다.

TIP. 안전하게 온천을 즐기는 법

1. 음주와 온천

온천 입욕 중에는 체내 수분이 배출되어서 오랜 시간 온천을 하면 탈수 증상을 겪을 수 있다. 따라서 입욕 전이나 후에 수분 보충을 충분히 해준다. 물이나 차도 좋지만 가장 효과가 좋은 것은 흡수가 빠른 이온음료. 입욕 전 이뇨 작용을 일으키는 커피와 주류는 피하자. 온천을 즐기며 유오케(편백나무 바가지)에 술병과 술잔을 두고 인증사진을 찍는 것이 유행하기도 했는데 온천 중에 술을 마시면 혈열작용으로 혈관이 확대되고 혈액순환이 촉진되어 술에 더 빨리 취하고 위험한 상황을 겪을 수도 있다. 몇 년 전 일본 온천 여행 중 음주로 사망한 사고가 있었는데, 유족 측에서는 여행사와 료칸이 안전의무를 다하지 않았다고 소송을 걸었으나 법원에서 음주와 입욕을 동시에 할 경우의 위험성은 사리분별력을 갖춘 성인이라면 충분히 인지할 수 있다고 판단하여 기각했다.

2. 히트 쇼크

일본에서는 매년 1만 명 이상이 입욕 중 사망했으며, 이 수치는 교통사고 사망자수의 2.5배에 달한다. 주후쿠오카 총영사관에 따르면 우리나라 여행객도 2017년 한 해 동안 규슈 지역의 온천에서 4명이나 사망했다고 한다.

입욕 중 사망은 주로 겨울철 '히트 쇼크'에 의해서 발생한다. 히트 쇼크는 급격한 온도 변화로 인해 혈압이 크게 오르내리면서 생기는 현상이다. 혈압이 급하강하면 실신, 급상승하면 심근경색이나 뇌경색 등을 일으킨다. 온천에 들어가기 전에 가벼운 스트레칭을 하고 샤워를 통해 체온을 올리면 히트 쇼크를 예방할 수 있으며, 노천온천과 실내온천이 함께 있다면 실내온천을 먼저 이용한다. 바로 노천온천을 이용하더라도 탕에 들어가기 전 카게유(허리-손-어깨-머리-가슴 순으로 몸 전체에 물을 뿌리는 것)를 하는 것이 좋다.

(intro 4)

다양한 형태의 료칸 객실

다다미가 깔린 일본 전통 가옥, 이것이 바로 일반적인 료칸의 이미지이다. 상당히 많은 료칸이 이러한 다다미 객실 형태를 취하지만, 생활 습관의 변화로 인해 침대를 선호하는 숙박객이 늘면서 료칸에도 침대 객실이 늘어나는 추세이다. 객실별로 느낌이 다르므로 료칸을 선택할 때 객실 타입을 확인하자.

와시츠 和室

다다미가 깔린 일본식 객실. Japanese Room, Japanese Style Room 등으로 표기된다. 객실에 깔린 다다미 개수에 따라 8조, 10조 등으로 표기하며, 다다미 1조의 크기는 가로 90cm, 세로 180cm이다. 가장 보편적인 12조 객실은 4인까지 불편함 없이 숙박 가능하다. 8조 객실은 2명이 적당하다(평방미터 기준으로는 20㎡ 이하의 객실).

료칸 객실의 수준을 확인할 수 있는 것은 한쪽 벽면의 단을 조금 높여서

꽃과 액자 등으로 장식해두는 공간인 도코노마(床の間) 공간이다. 고급 료
칸일수록 화려하고 정성스레 장식한다.

와요시츠 和洋室

다다미방에 침대가 놓인 객실. Japanese Western, Modern Japanese,
Wayositsu 등으로 표기된다. 보통 거실은 대부분 다다미로 되어 있고,
침실은 다다미로 된 곳도 있지만 다다미 없이 침대만 놓인 곳도 있다. 료
칸까지 가서 침대에서 자는 것을 선호하지 않는 사람도 많지만, 고급 료
칸이나 특별실은 와요시츠로 되어 있는 경우가 더 많다.

츠즈키 객실 二間続き

2개의 공간으로 이루어진 객실 형태. 8+8조 츠즈키 객실, 8+6조 츠즈키
객실 등으로 표기된다. 8조+침실, 10조+침실로 구성된 와요시츠 객실도
일종의 츠즈키 객실로 볼 수 있다. 공간이 나뉘어 있긴 하지만 대부분은
미닫이문으로 구분하기 때문에 방음이 안 되는 경우가 많다.

전용 온천이 있는 객실

객실 내에 전용 온천이 있는 형태. 노천온천이 있는 경우 로텐츠키(露天付
き), 실내온천이 있는 경우 우치부로츠키(内風呂付き)로 표기한다. 원하는
시간에 언제든지 프라이빗하게 온천을 즐길 수 있다는 것이 큰 장점이
다. 유후인의 료칸은 객실 전용 온천도 대부분 원천을 계속 흘려보내는
겐센카케나가시 방식을 사용해서 수질도 좋다. 다만 전용 온천은 주로 1
인용으로 작은 편이며 풍경도 제한적이다.

별채객실

다른 객실과 인접해있지 않고 단독 건물을 이용하는 경우 하나레(離れ) 또는 잇코다테(一戸建て)라고 한다. 잇코다테는 일본어로 단독주택을 뜻하기 때문에 예외 없이 단독 건물 하나당 객실 하나이지만, 하나레는 꼭 그렇지만은 않다. 예를 들어 호테이야 료칸, 타마노유의 하나레 객실은 1층과 2층이 다른 객실로 구분되어 있다. 아무래도 하나레는 객실 간 거리가 멀지 않기 때문에 프라이빗한 느낌이 덜하다.

* 프런트데스크, 로비, 식당 등 주요 시설이 있는 건물은 혼칸(本館) 또는 오모야(母屋)라고 한다.

TIP. 큰 문신이 있다면 전용 온천이 있는 객실을 이용

일본 내 대부분 호텔과 료칸, 온천지에서는 문신이 있는 경우 온천 입욕을 금지하고 있다. 일본에서 문신은 야쿠자가 하는 것이라는 이미지가 강하고 다른 사람들에게 불편함을 줄 수 있기 때문이다. 최근 외국인 관광객이 늘면서 작은 타투나 레터링 정도는 크게 문제 삼지 않고 패치를 붙이면 온천 입욕을 허용하고 있다. 그러나 기본적으로 문신은 금지이므로 전신을 감싸는 이레즈미 스타일의 문신이거나 패치로 가리기 힘들 정도로 크다면 가족탕 중심으로 온천을 이용하거나 전용 온천을 갖춘 객실을 선택한다.

(intro 5)

일본 료칸 여행의 꽃, 가이세키 요리

일본 온천여행의 꽃은 역시 가이세키 요리이다. 가이세키 요리는 신선한 제철 식재료를 이용한 일본식 코스요리로, 모습도 화려하고 가짓수도 다양해 대접받는 느낌을 준다. 료칸의 가이세키 요리는 보통 월에 한 번씩 메뉴를 바꾸며 홀수일과 짝수일을 다르게 하여 연박을 하더라도 같은 요리를 맛보는 것을 피하도록 한다.
가이세키 요리는 순서가 중요한데, 료칸에 따라 약간씩 변화를 줄 수도 있고 어떤 메뉴는 동시에 제공되기도 하지만 기본적인 흐름은 아래와 같다.

사키즈케 先付

보통은 테이블에 미리 준비해두는 요리로 애피타이저에 해당한다. 잘게 자른 생선과 채소의 초무침 등 입맛을 돋우는 산뜻한 요리가 나온다. 식기는 오시키(折敷)라고 하는 쟁반처럼 생긴 작은 상 또는 평평한 접시로 다양한 요리가 조금씩 담겨 나온다.

니모노완 煮物椀

니모노완은 뚜껑이 있는 오목한 공기인 완(椀)에 담겨 나오며 메뉴에는

'니모노'로 적혀 있는 경우가 많다. 다시마와 가다랑어포로 국물을 낸 맑은 국에 제철 생선과 채소, 닭고기 등을 넣고 끓였다. 일본의 미식가들이 가이세키 요리를 평가할 때 가장 중요시하는 메뉴이기도 하다.

츠쿠리 造り
가이세키에서는 회를 사시미보다는 츠쿠리라고 부르는 경향이 있다. 둘 모두 회를 뜻하지만 미묘한 차이가 있는데, 츠쿠리는 '만들다'는 뜻을 가진 단어인 만큼 접시에 회만 담지 않고 예쁘게 꾸며서 낸다. 무코즈케(向付)라고도 한다.

야키모노 焼き物
가이세키 요리의 메인이라고 할 수 있으며 전통적으로는 생선구이 요리가 제공되었지만 최근에는 와규와 전복, 이세에비(닭새우) 등으로 대체되어 나오는 경우도 많다. 유후인 지역 료칸에서는 야키모노로 지역 명물 분고규가 주로 나오며, 직접 구워먹을 수 있게 화로가 준비된다.

아게모노 揚げ物
채소와 새우, 생선 등을 튀긴 요리로, 튀김옷을 입히지 않은 스아게(素揚げ)와 튀김옷을 입혀 튀긴 덴푸라(天ぷら)로 제공된다.

핫슨 八寸
해산물과 채소, 산과 바다의 별미가 정사각형의 쟁반에 한입씩 먹기 좋게 나온다. 료칸에 따라서 핫슨과 다키아와세 둘 중 하나만 나오기도 하며, 고급 료칸일수록 핫슨의 장식에 신경을 많이 쓰는 편이다.

다키아와세 炊き合わせ

제철 식재료를 쪄서 내는 계절 요리로 무시모노(蒸し物), 니모노(煮物)라고도 한다. 봄에는 봄나물, 여름에는 가지, 가을에는 송이가 주로 나오며 달걀이나 무를 이용한 요리가 나오기도 한다.

밥과 고노모노 香の物

가이세키 요리의 마지막 순서는 밥과 아카다시(진한 된장으로 만든 국물), 몇 종류의 쓰케모노(채소 절임)이다. 밥은 주로 흰 쌀밥이고 한 그릇만 담아주기보다는 밥통을 함께 주어 자유롭게 먹을 수 있도록 한다. 일본식 솥밥 및 영양밥이라 할 수 있는 다키코미고항(炊き込みご飯)이 나오는 경우도 있고 카이 유후인, 산소무라타처럼 식사 후 남은 밥을 객실에서 야식으로 먹을 수 있도록 주먹밥을 만들어주는 곳도 있다.

TIP. 오코사마란치, 어린이 메뉴

어린이와 함께 료칸을 예약할 때 연령에 따라서 식사를 선택할 수 있는 경우가 많다. 성인과 같은 식사 메뉴를 선택하면 요금 차이가 거의 없지만, 어린이용을 선택할 경우 성인 요금의 50~70% 정도여서 비용을 절약할 수 있다. 어린이 메뉴를 가리켜 오코사마란치(お子様ランチ, 어린이님의 점심)라고 하는데, 이는 1930년 도쿄 미쓰코시 백화점의 한 양식당에서 어린이용 메뉴 오코사마요우쇼쿠를 발표한 것에서 유래했다.

어린이들이 좋아하는 돈까스, 새우튀김, 함박스테이크, 오므라이스 등으로 구성되며 료칸에 따라 코스 또는 도시락 형태로 제공한다. 오코사마란치는 유치원생이나 초등학교 저학년에게 적합하며 그 이상은 성인과 동일한 가이세키 요리를 선택하는 편이 좋다.

TIP. 발음은 같지만 뜻은 다르다

가이세키 요리의 한자 표기는 会席料理, 懐石料理 두 가지가 있는데, 会席料理는 사람들이 만나(会) 함께 앉아(席) 먹는 음식으로 연회를 위한 음식이라는 의미이다. 한편 懐石料理는 돌(石)을 품다(懐)는 뜻을 가지며 이는 불교 및 다도 문화와 관련이 있다. 다시 말해 懐石料理는 차와 함께 먹는 비교적 가벼운 요리, 会席料理는 술과 함께 먹는 연회용 요리로 둘은 메뉴 구성이나 음식이 나오는 순서에도 상당한 차이가 있다. 하지만 최근 다도 문화가 많이 사라지기도 했고 懐石料理가 지나치게 격식을 차리는 요리이기 때문에 일반적으로 가이세키 요리라고 하면 会席料理를 의미하는 경우가 많다.

고산케란 어떤 분야에서 가장 유명하고 높이 평가되는

3인을 일컫는 표현이다. 유후인의 료칸에도 고산케가 있다.

오랜 시간 자리를 지키며 전통을 이어온

산소무라타, 카메노이벳소, 타마노유가 바로 그 주인공이다.

유후인 3대 료칸

산소무라타

카메노이벳소

타마노유

산소무라타

山荘 MURATA

에도 막부의 초대 쇼군 도쿠가와 이에야스. 천하를 통일한 그는 후계자를 정할 수 없을 때 도쿠가와의 세 가문 중에서 후계자를 낼 수 있는 권한을 주었다. 이 세 가문을 고산케(御三家)라고 하며, 한 분야에서 특출한 세 가지를 지칭하기도 한다. 산소무라타는 타마노유, 카메노이벳소와 함께 유후인의 고산케 혹은 3대 료칸으로 불린다.

산소무라타 료칸은 후지바야시 코지가 1983년 긴린코 호수 근처에 음식점 '사료 무라타'를 개업하면서 시작되었다. 이미 20대에 유후인 인근 지역인 히타에서 카페를 영업하며 크게 성공했던 그가 사료 무라타 이후 유후인에서 새롭게 도전한 것은 료칸이었다. 1992년 긴린코 호수에서 다소 떨어진 북쪽 언덕에 자리를 잡고 문을 열었다. 다른 3대 료칸에 비해 역사가 길지 않고, 유후인 마을 만들기 프로젝트에 적극적으로 협력한 것도 아니지만 다른 료칸과 어깨를 나란히 하며 유후인 3대 명가라고 불릴 수 있었던 이유는 단순히 고급 료칸이어서가 아니라 충분히 그럴만한 매력이 있었기 때문이다.

주소: 由布市湯布院川上1264-2 / 송영가능
전화: 0977-84-5000
홈페이지: https://www.sansou-murata.com
요금: 57,500엔~
객실 수: 별채 객실 8개동을 비롯해 총 12
온천: 전 객실 전용 온천

낮과 밤 색다른 매력의 탄즈바

본관 건물에서 연결되는 탄즈바(Tan's Bar)는 낮에는 카페처럼 이용할 수 있고, 저녁에는 위스키와 칵테일 등을 즐길 수 있다. 숙박객에게는 매일 커피와 차, 애플주스 중 한 잔을 무료로 제공하고, 수량이 한정되어 있기는 하지만 비스피크(B-speak)의 롤케익도 판매한다. 1999년 유후인 상점가에 문을 연 롤케익 전문점 비스피크는 유후인을 대표하는 디저트이며, 지금도 오전 중에 매진될 정도로 변함없는 인기를 얻고 있다. 탄즈바에 설치된 거대한 스피커는 오래 전 미국의 극장에서 사용했던 것으로 중후한 음색을 즐길 수 있어 음악을 듣기 위해 방문하는 사람도 많다고 한다.

지역 문화예술의 구심점

롤케익의 성공에 이어 선보인 것은 2002년 시작한 초콜릿 브랜드 테오무라타, 음악을 테마로 하는 아르테지오 미술관, 소바 전문점 후쇼안이다. 료칸 바로 앞에 있고, 숙박객이 아니어도 부담 없이 방문할 수 있다. 아르테지오 미술관 옆에는 화가이자 서예가인 정동주 작가의 갤러리가 있는데, 현재는 따로 운영되고 있지만 개관 초기에는 산소무라타의 시설이었다. 상점가 북쪽 언덕에 자리를 잡고 음식점과 카페, 미술관 등을 운영함으로써 숙박객에게 즐거움을 주었고, 주변에 또 다른 예술가의 갤러리가 모이면서 지역에 새로운 풍경을 만들었다.

오래도록 머물고 싶은 공간

료칸을 처음 시작한 젊은 대표가 직접 디자인에 참여한 객실은 당시로서는 상당히 획기적이었다. 다다미 공간뿐만 아니라 리빙 공간을 설치하며 이를 강조했는데 숙박객이 이곳에 머물면서 살고 싶은 곳, 삶을 윤택하게 하는 공간을 연출하고 싶었기 때문이었다. 이후 지어진 다른 객실들도 마찬가지로, 유후인뿐만 아니라 일본 전국의 다른 고급 료칸에도 큰 영향을 주었다. 산소무라타가 지금의 명성을 얻게 된 또 다른 이유는 훌륭한 퍼블릭 공간이 있었기 때문이다. 유후인 여행의 중심지인 상점가와 긴린코 호수에서 떨어져 있는 언덕에 료칸이 자리하고 있다는 단점을 보완하기 위해 료칸 주변에 숙박객들이 시간을 보낼 수 있는 공간이 필요했다. 하지만 객실이 12개뿐이라 숙박객만 이용하게 될 경우 수익을 내는데 한계가 있었고, 따라서 숙박객이 아니어도 이용할 수 있게끔 료칸의 부대시설을 퍼블릭 공간으로 만든 것이 산소무라타의 전략이었다.

일본 전통가옥 콘셉트의 객실

산소무라타 콘셉트는 객실 '고(古)민가의 재생'으로, 일본 전국 각지의 고민가를 이축한 8개동 12개의 객실은 저마다 다른 개성을 갖고 있으며 전용 온천이 있다. 다다미 공간이 있는 객실도 있지만 대부분이 침대와 리빙 공간으로 이루어져 있어서 전통적인 료칸이라기보다는 별장 같은 분위기이다. 공용 온천이 없고, 일부 객실은 실내 온천만 있기 때문에 다소 아쉬울 수 있다. 하지만 실내 온천이라도 넓은 창문을 열면 유후인의 숲 속 풍경이 펼쳐져서 반노천온천으로도 볼 수 있다.

전통식보다는 퓨전식 가이세키 요리를 선보여

객실에 따라 저녁식사는 객실에서 하고, 아침식사는 본관의 식당에서 한다(경우에 따라 반대가 되기도 한다). 일본 전통의 가이세키 코스 요리가 나오는 경우도 있지만 주로 프렌치 스타일의 퓨전 가이세키 요리가 제공되며, 유후인에 있는 료칸 중에서 가장 다양하고 수준 높은 와인리스트를 갖추고 있다. 아침 식사는 빵과 샐러드가 나오는 서양식과 밥과 죽이 나오는 일본식을 선택할 수 있다.

산소무라타, 카메노이벳소, 타마노유는 가격 측면에서 더 이상 유후인의 3대 럭셔리 료칸이라고는 할 수 없다. 2023년에 개업한 에노와(ENOWA)와 겟코슈(月洸樹)의 숙박비가 1박에 10만엔 이상으로 최근 유후인에는 고가, 고급화 전략을 내세운 료칸들이 계속해서 생겨나고 있기 때문이다. 하지만 20년 전부터 고산케로 불리며 일본인뿐 아니라 외국인 관광객에게도 관심을 받았던 세 료칸은 유후인 지역의 브랜드 가치를 높여준 곳임에는 분명하다.

유후인 료칸의 시초

카메노이벳소

亀の井別荘

유후인을 매력적인 관광지로 처음 눈 여겨 본 사람은 벳푸 관광의 아버지라 불리는 아부라야 구마하치(油屋熊八, 1863~1935)였다. 1911년 벳푸 시내에 카메노이호텔을 창업하면서 관광업을 시작했으며, 지옥 온천 관광 활성화를 위해 일본 최초로 여성 가이드의 버스 투어를 도입하기도 했다. 온천마크를 처음으로 고안했다는 설이 있으며, 벳푸에서 유후인을 지나 아소로 이어지는, 일본에서도 손꼽히는 드라이브 코스인 야마나미 하이웨이(벳푸~아소산) 역시 그의 구상에서 시작되었다는 이야기가 있다.
'산은 후지, 바다는 세토내해, 온천은 벳푸(山は富士´海は瀬戸内´湯は別府)'라는 캐치프레이즈로 벳푸의 매력을 일본 전국에 알리던 구마하치는 내심 유후인을 마음에 들어했다. 유후인을 숨겨져 있는 벳푸의 명소라는 뜻의 오쿠벳푸(奥別府)라 부르며, 1921년 유후인의 긴린코 호수 옆에 별장 가메라쿠소를 짓고 국내외의 귀빈들을 초대하기 시작했다. 벳푸 관광의 아버지 격인 인물이 휴가를 벳푸가 아닌 유후인에서 보내고 싶어 했다는 사실이 꽤나 흥미롭다.

주소: 大分県由布市湯布院町川上2633-1
전화: 0977-84-3166
홈페이지: https://www.kamenoi-bessou.jp
요금: 본관 객실 52,000엔~, 별채 객실 63,000엔~, 노천 객실
객실 수: 21(노천온천 있는 본관 객실 1, 노천온천 있는 별채 객실 5)
온천: 남녀 각각의 실내온천과 노천온천

귀빈들의 별장에서 현재의 료칸으로

벳푸에서 주요 사업을 운영하기 때문에 유후인에 자주 갈 수 없었던 구마하치가 이 별장의 관리를 맡긴 것은 나카야 미지로(中谷巳次郎, 1869~1936)였다. 나카야 미지로는 이시카와현 가가시의 부유한 집안에서 태어났지만 몇 번의 사업 실패로 가산을 탕진해 고향을 떠나 벳푸에서 집안에 남아있던 골동품을 파는 가게를 운영하고 있었다. 상점을 운영하며 구마하지와 인연을 맺고 별장을 맡게 된 나카야 미지로는 부유층들의 문화 예술 취향을 잘 파악해 별장 운영에 큰 성과를 냈다. 이후 나카야 미지로의 아들에 의해 1951년 료칸으로 전환하면서 현재의 카메노이 벳소로 이름을 바꾸게 되었다.

풍류를 즐겼던 창업주의 흔적은 지금도 료칸에 남아 있는데, 그 중 하나가 축음기다. 료칸 부지 중앙, 빨간 벽돌로 지어진 중후한 서양식 건물에서 매일 밤 축음기로 음악을 감상할 수 있다. 1930년대에 만들어진 이 축음기는 19세기 후반부터 1963년 단종되기까지 녹음되었던 SP판으로만 플레이 할 수 있다. 료칸에서는 이 진귀한 축음기로 매일 저녁 9시부터 50분간 음악이 흘러나온다. 플레이 리스트는 일본어로만 되어있으나, 번역기 등을 이용해 원하는 곡을 신청할 수도 있다.

유후인을 상징하는 료칸의 명가가 되다

카메노이벳소가 유후인을 상징하는 료칸이 된 것은 3대째 사장 나카야 겐타로가 가업을 이어받으면서부터다. 나카야 겐타로는 도쿄메이지대학교를 졸업하고 일본 최대 규모의 영화 제작 및 배급사인 토호촬영소에서 5년간 조감독으로 근무한 독특한 이력이 있다. 이때 배운 기획 능력은 유후인에 있는 모든 료칸이 함께 발전할 것을 목표로 하는 '유후인 마을 만들기'에 큰 도움을 주었다. 극장이 없는 유후인에서 매년 유후인 영화제를 개최하게 된 것도 그의 노력 덕분이다.

순수 다다미방은 5개뿐

긴린코 호수의 산책로에서 자연스레 이어지는 카메노이벳소는 1만평의 넓은 부지에 총 21개 객실이 있다. 체크인을 하는 본관 건물은 두 층으로 되어 있는데, 1층에는 2개의 객실과 레스토랑이, 2층에는 4개의 객실이 있다. 본관 객실은 모두 침대로 되어 있는 서양식 객실이며, 이 중 2층 안쪽에 있는 오쿠유후 객실은 유후다케가 아름답게 보이는 노천온천을 갖추고 있다.

15개의 별채 객실에는 저마다 다른 분위기의 전용온천이, 5개의 객실(1, 2, 16, 17, 100번관)에는 전용 노천온천이 있다. 2015년부터 순차적으로 객실 리뉴얼이 진행되고 있으며, 다다미 객실에서 침대 객실로 전환되는 경우가 많다. 유후인에서 가장 예스러운 정취가 나는 료칸이기 때문에 당연히 다다미 객실일 것으로 기대하는 경우가 많은데 순수 다다미 객실인 와시츠는 5개(1, 2, 15, 16, 18번관)뿐이기 때문에 다다미 객실을 선호한다면 예약할 때 반드시 확인한다.

유후인 3대 료칸

전통에 새로움을 더한 가이세키 요리

식사는 객실에 따라 다른 장소에서 제공된다. 별채 객실에서 숙박하는 경우 객실에서 식사를 하며, 본관 객실에서 숙박하면 본관 1층에 있는 레스토랑에서 식사를 하게 되는데 경우에 따라 료칸에서 운영하는 유노타케안에서 식사를 하는 경우도 있다. 전통적인 가이세키 요리를 기본으로 하지만 일반적인 가이세키 요리에서는 나오지 않는 창작 요리가 나오는 경우가 많으며, 주로 유노타케안의 장어 요리가 나온다. 2박 이상 숙박을 할 경우 가이세키 요리 대신 전골요리(나베모노 코스)를 선택할 수도 있다.

남녀 각각의 실내온천과 노천온천, 기념품 상점인 카기야(鍵屋), 낮에는 텐조사지키(茶房 天井棧敷), 밤에는 야마네코BAR(山猫)라는 이름으로 영업하는 카페 겸 바, 향토요리 전문점인 유노타케안(湯の岳庵) 등의 시설이 있다.

전통과 섬세함을 갖춘 유후인 고산케

타마노유
玉の湯

시작은 불교 사원의 보양소였다. 1962년 료칸으로 전환했고, 1966년 료칸 창업자의 사위 미조구치 쿤페이가 료칸 경영에 참여하면서 타마노유 료칸뿐 아니라 유후인 지역 전체가 큰 변화를 맞이하게 된다. 유후인에서 자란 그는 어릴 때부터 유후다케를 자주 오르며 자연스레 유후인의 자연에 관심을 가졌고, 인근의 히타 박물관이 개관할 때 곤충 표본 등을 수집하고 전시하기도 했다. 댐 건설 반대 운동을 함께 했던 죽마고우 나카야 겐타로가 카메노이벳소 료칸을 운영한 것을 계기로 그도 박물관을 그만두고 처가가 운영하던 타마노유 료칸 경영에 참여하게 되었다. 참고로 그의 부인은 카메노이벳소의 사장이자 친구인 나카야 겐타로와 사촌 관계이다.

주소: 大分県由布市湯布院町大字川上2731-1
전화: 0977-84-2158
홈페이지: https://tamanoyu.co.jp
요금: 56,000엔~
객실 수: 16(단독 별채 객실 10, 복층 구조의 별채 객실 2개동 6)
온천: 실내온천 1, 노천온천 1(남녀탕 구분), 전 객실 전용 온천

자연 그대로를 닮은 정원

타마노유의 정원은 다른 료칸의 정원과는 완전히 다른 모습이다. 어쩌면 관리되지 않은 듯한 잡목림 같지만, 이곳도 오랜 시간을 들여 준비한 공간이다. 자연 그대로의 모습을 중요시 했던 미조구치 쿤페이는 정원을 산새들이 찾아오고 계절에 따라 예쁜 꽃이 피는 자연스러운 공간으로 만들고 싶어했다. 하지만 료칸 부지는 조금만 땅을 파도 온천이 솟아나오는 토질이었기 때문에 큰 나무를 심을 수 없었다. 그러다가 1970년대 초반 자위대 주둔지 유치를 통한 보조금을 이용해 하천 정비사업을 하면서 나오는 토사를 이용하고, 3천평에 달하는 부지를 3미터 이상 파내며 토양 자체를 바꾸면서 큰 나무를 키울 수 있었다. 이 과정에서 수천 엔에 달하는 막대한 공사비가 발생했지만 외관상 크게 변한 것은 없었기 때문에 세무조사를 받기도 했다.

이러한 노력 덕분에 지금은 정원에 수십 미터의 큰 나무가 자라고 있고, 이 나무 위에서 산새들이 지저귀는 소리가 료칸에 울려 퍼진다. 정원 바로 앞의 상담실 벤치에 앉아 계절에 따라 피는 예쁜 꽃들을 보고 있노라면, 산새와 곤충들이 안심하고 찾아와서 쉬듯 이곳이 사람들이 편히 쉬고 갈 수 있는 곳이 되길 바라는 마음을 느낄 수 있다.

3대 료칸 중 가장 전통적인 형태의 객실

타마노유는 카메노이벳소, 산소무라타와 함께 유후인의 3대 명가로 불리고 있다. 3대 료칸 중 가장 여성스러운 료칸으로 불리며 객실도 가장 전통적인 모습을 하고 있다. 16개의 모든 객실에는 전용 실내온천이 있고, 10개의 객실은 단독건물을 이용하는 별채 형식으로 되어 있다. 가장 넓은 객실인 쿠와(뽕나무), 쿠이나(뜸부기)는 2층에 있는 객실이며, 1층에는 다른 객실이 있는 형태이다. 모든 객실은 유후인에서 볼 수 있는 꽃과 새 명칭으로 이름 지어졌고, 객실로 향하는 길과 객실 곳곳에도 계절별로 다른 꽃으로 장식해두었다.

저녁식사는 마을 재생의 상징 '부도야'에서

료칸 체크인을 할 때 식사 시간과 메인 메뉴를 선택할 수 있다. 기본적인 가이세키 요리 코스는 동일하게 제공되며 메인 메뉴는 와규 스테이크, 닭고기 전골, 오리고기 전골, 자라탕, 새우 샤브샤브 중 하나씩 고를 수 있는데, 와규 스테이크를 제외한 메뉴는 테이블당 하나만 선택할 수 있다.

저녁식사를 하는 장소는 홋카이도의 이케다마치에 경의를 표하는 의미로 부도야(포도의 집)라고 이름 지었다. 유후인보다 더한 시골 마을이자 인구 감소로 소멸 위기에 있던 홋카이도 이케다마치는 주민들이 유럽에서 노하우를 배워 연구 개발한 포도 품종을 활용해 1963년 일본 최초의 와인인 토카치 와인을 선보였다. 현재에도 대표적인 일본산 와인으로 꼽히며 인기를 얻은 이 토카치 와인 덕분에 소멸되던 작은 마을은 다시 살아날 수 있었고, 이러한 면에서 유후인과도 비슷하다고 할 수 있다.

부도야는 숙박객이 아니어도 저녁에는 식사를 할 수 있다. 타마노유 료칸의 식사는 객실이 아닌 부도야에서 제공하지만, 객실에서 식사를 하고 싶다면 부도야에서 판매하는 도시락이 포함된 플랜으로 예약하면 된다. 도시락이기는 하지만 판매가가 7,200엔(한화 약 7만원)으로 구성에 결코 부족함이 없다.

카페 니콜스 티룸과 니콜스 바, 료칸에서 직접 만든 식품과 오이타현의 특산품인 나무와 대나무로 만든 소품을 판매하는 유후인이치 역시 숙박객이 아니어도 이용할 수 있다. 유후인이치에서 특히 인기 있는 제품은 수제잼이다.

유후인 료칸의 역사는 100년이 넘지만

지금처럼 인기를 얻게 된 것은 그리 오래지 않았다.

현재의 명성을 얻기까지 오랜 시간 공을 들여 준비해온 유후인 마을은

다음 100년을 바라보며 지금도 조금씩 앞으로 나아가고 있다.

유후인의 현재와 미래를
만들어가는 료칸

무소엔

소안 코스모스

카이 유후인

산소 와라비노

오카미의 내조로 꿈을 이룬 료칸

무소엔
夢想園

유후인에서 가장 넓은 노천온천으로 유명한 무소엔은 1938년 히노데야료칸(日の出家旅館)으로 시작했다. 6개의 객실이 15개로 늘어날 정도로 영업 실적이 나쁘지는 않았으나, 시간이 흘러 1960년대 초반에 아들인 시데코우지(志手康二, 1933~1984)가 물려 받을 때는 노후화로 인해 손님도 많이 줄면서 건물 자체를 새로 짓지 않을 수 없었다. 하지만 료칸 신축을 위한 자금 조달은 쉽지 않았고, 은행 대출이 막혀 료칸을 그만둘 생각까지 하게 되었다. 이때 도움을 준 것이 유후인의 촌장 이와오 히데카츠였다. 유후인 마을을 위해 '관광업을 발전시켜야 한다' '관광객이 편하게 쉴 수 있는 료칸이 더 많이 있어야 한다'고 은행을 설득한 끝에 1966년 새로운 건물을 짓고 이름을 산속의 호텔 무소엔으로 변경하여 영업을 시작했다.

주소: 由布市湯布院町川南1243
전화: 0977-84-2171
홈페이지: https://www.musouen.co.jp
요금: 본관 8조 객실 23,100엔~, 별관 6조+8조 객실 27,500엔~, 신관 전용 노천온천 객실 39,600엔~
객실 수: 31(일반 객실 29, 전용 노천온천 객실 2)
온천: 여성 노천온천 1, 남성 노천온천 2, 숙박객 전용 남녀 실내온천 2, 노천 가족탕 2, 실내 가족탕 2
당일치기 온천: 접수 10:00~14:00, 이용 14:30~ / 요금 1,000엔(타올 150엔 별도)

료칸을 일으킨 오카미의 헌신

초창기 가장 바빴던 사람은 시데 코우지의 부인 시데 요시코(志手淑子, 1937~)였다. 간호사였던 시데 요시코는 1961년 결혼하면서 유후인에 왔다. 숙박업에 대해 아는 것이 아무것도 없던 그녀가 처음 한 일은 요리를 보조하는 정도였지만, 시어머니가 은퇴한 후에는 오카미 역할까지 하게 되었고, 외부 활동이 늘어난 남편을 대신해 료칸 관리 전반을 맡아야 했다. 표면적인 사장은 시데 코우지였지만 요시코 없이는 무소엔이 유지될 수 없었으며, 그녀의 내조가 없었다면 시데 코우지가 유후인 마을 만들기 프로젝트를 위해 45일간 유럽 여행을 다녀오는 일도 없었을 것이다.

지금 무소엔 입구에는 숲 속으로 들어가는 듯 큰 나무들이 서 있는데, 이는 시데 코우지가 유럽에 다녀온 직후 미래를 위해 심은 것들이다. 안타깝게도 시데 코우지는 이 나무들이 자란 모습을 채 보지 못하고 1984년 51세의 나이로 세상을 떠났다. 이때부터 요시코가 대표로 취임, 경영에 직접 나서게 된다. 그녀는 성공적으로 무소엔을 경영했을 뿐 아니라 유후인의 여성 회원들을 중심으로 '오모테나시위원회'(훗날 오카미 협회로 전환)를 조직하고, 2001년 여성 최초로 유후인온천관광협회 회장을 역임했다.

유후인에서 가장 넓은 노천온천

무소엔 부지에서 솟아나는 온천은 수질이 좋기로 유명한데, 무소엔이 처음 문을 열었을 때는 노천온천이 없었다. 언젠가 노천온천을 만들겠다는 남편의 꿈은 한참 후에 부인에 의해서야 이루어졌다.

여성전용 노천온천인 구카이노유는 다다미 150장 크기로 유후인에서 가장 넓은 노천온천이며, 정면에 보이는 유후다케의 풍경도 압도적이다. 2개의 남성 전용 노천온천 코보노유와 고무소노유는 입구는 2개 있지만 서로 연결되어 있으며 여성 전용 노천온천 못지않게 넓다.

일본 온천 설화에 많이 등장하는 홍법대사(774~835) 이야기 중, 아픈 사람들의 꿈에 나와 큰 바위 아래서 솟아나는 온천에 들어가면 치유된다는 '몽상의 온천' 이야기가 있다. 세 노천온천 모두 탕 중앙에 큰 바위가 있는 것은 몽상의 온천 설화를 재현한 것으로 보인다.

무소엔은 숙박객이 아니어도 당일치기(히가에리온센)으로 이용할 수 있다. 가족탕인 고요노유는 추가요금 없이 이용할 수 있다.

총 31개의 객실을 보유

무소엔은 레스토랑이 있는 본관 건물과 별관, 신관 세 개의 건물에 총 31개의 객실이 있다. 본관 객실의 경우 1개 객실을 제외하면 8조 또는 10조의 일반 객실이며, 별관과 신관은 6조+8조 또는 8조+8조의 후타마(二間, 객실 2개가 연결된 객실)로 되어 있다. 신관은 보통 코보테이라고 부르며, 이곳에는 전용 노천온천이 있는 특별실 두 곳이 있다. 본관 객실의 경우 엘리베이터가 없기 때문에 위층에 있는 객실까지 계단을 이용해야 하며, 노천온천을 가기 위해서는 경사가 있는 돌 계단을 이용해야 하기 때문에 걷는 데 불편함이 있다면 예약 전에 반드시 이 점을 고려해야 한다.

유후인 가이세키 요리의 품격을 올리다

소안 코스모스

草庵秋桜

료칸 이름 앞에 료칸 대신 료안(旅庵), 소안(草庵)이라는 조금 낯선 이름이 붙는 곳들이 있다. 나그네를 위한 작은 암자, 풀로 엮어 지은 작은 암자를 뜻하지만 '안(庵)'이라는 한자는 음식에 관심을 많이 두고 있다는 뜻도 있다. 에도 시대에 도쿄의 아사쿠사에 도코안이라는 암자를 짓고 수행을 하던 스님이 있었는데, 이 스님이 소바를 정말 맛있게 만들어서 사람들이 소바를 먹으러 올 정도였다고 한다. 주변 소바집에서 상호 뒤에 '안'을 따라 붙이면서 '안'이라는 한자에는 숨은 맛집 같은 뉘앙스가 생겼다.

오래 전 유후인에는 자라와 장어 양식장이 성행해 이를 이용한 향토요리가 많았는데, 소안 코스모스는 1977년 현재의 료칸 근처에서 문을 연 작은 식당에서 시작되었다. 장사가 잘 되는 편이기는 했지만, 세 아이를 키우기는 충분하지 못했다. 그때 정부의 승인을 받아 료칸 오픈 시 세제 지원, 대출 우대 등을 받을 수 있는 리조트법이 공표되었고, 이를 계기로 작은 식당을 1987년 5개의 객실을 갖춘 료칸으로 전환했다.

주소: 大分県由布市湯布院町川上1500 / 송영가능(사전예약불가)
전화: 0977-85-4567
홈페이지: https://www.yufuin-kosumosu.jp
요금: 본관 객실 28,000엔~, 별채 객실 45,000엔~
객실 수: 12(노천온천 있는 별채 객실 5, 노천온천 있는 별채 특별실 1,
실내온천 있는 본관객실 2, 본관객실 3, 본관 특별실 1)
온천: 실내온천 1, 노천온천 1(남녀탕 구분), 가족탕(실내+노천) 2

유후인의 음식 문화를 한층 끌어올리다

1996년에는 요리장을 고용하였는데, 이는 소안 코스모스뿐 아니라 유후인의 음식문화가 크게 발전하는 계기가 되었다. 그 요리장이 현재 유후인에서 음식점 산쇼로를 운영하는 신에 켄이치(新江憲一)이다. 후쿠오카 출신으로 도쿄와 오사카의 고급 요정에서 수련하고 소안 코스모스의 요리장이 되었는데, 그가 처음 왔을 때만해도 유후인에 있는 대부분의 료칸에서 나오는 음식은 가이세키 요리라고 하기보다는 향토 요리에 가까운 수준이었다. 소안 코스모스만이 아니라 유후인의 료칸 모두가 함께 성장하기를 희망한 그는 다른 료칸의 요리장 7명과 1999년 유후인요리연구회 모임을 만들어 매일 밤 서로의 레시피를 공유하고 새로운 메뉴를 개발하기 시작했다.

신에 켄이치는 농가에 안정적인 수입을 보장하고 료칸 역시 안정적인 공급을 받을 수 있도록 지역 농가와 함께 지역 농산물을 재배하기도 했다. 지역에서 생산되는 식재료를 지역에서 소비한다는, 당시 일본에서 유행하던 지산지소(地産地消) 트렌드와도 맞는 것이었다.

최고급 열차 디자이너가 리뉴얼한 료칸 디자인

소안 코스모스는 가이세키 요리가 맛있는 료칸으로 불리며 유후인 지역 발전에도 큰 기여를 하면서 유후인 3대 명가 못지 않은 평가를 받는다. 초대 사장에 이어 아들이 2대째 운영을 하기 시작하면서, 2017년 규슈 지역의 여러 미디어에도 크게 보도될 정도로 큰 변화가 있었다. 일본 최고급 크루즈 열차인 나나츠보시in큐슈, 유후인노모리 등을 디자인한 미토오카 에이지가 료칸 리뉴얼 작업에 참여한 것이다.

최고급 열차에 사용된 규슈 지역의 전통 세공 방법과 패턴 등이 료칸 곳곳을 장식하고 있으며, 심지어 의자는 열차에서 사용된 것과 동일한 제품을 사용한 것으로 보인다.

특히 인상적인 것은 본관 객실에서 온천과 식당으로 이어지는 회랑의 나무 데크이다. 계절이나 날씨에 상관없이 편하게 이동하기 위해 설치했는데, 원래 있던 정원을 유지하기 위해 데크의 나무판이 저마다 다른 길이로 되어 있다.

리뉴얼 후 모든 객실은 침대 객실로 꾸렸고, 좌식 탁자 대신 미토오카 에이지가 디자인한 열차의 의자와 탁자를 객실에 두면서 전통적인 료칸 객실의 느낌이 사라졌다는 평가도 있다.

6개의 본관 객실과 6개의 별채 객실로 구성

객실은 크게 6개의 본관 객실과 6개의 별채 객실(하나레)로 구분할 수 있다.

별채 객실은 이름 그대로 단독 건물을 이용하지만 객실 간격이 좁은 편이라 조금 아쉽다. 그래도 객실마다 전용 노천온천이 있고 복층 구조로 되어 있어서 침실 공간과 휴식 공간의 구분이 명확하다. 가장 안쪽에 있는 1개의 별채 객실 특별실은 복층이 아닌 단층 구조이며, 전용 노천온천은 소안 코스모스에서 가장 넓고 객실에 딸린 프라이빗 정원으로 나갈 수 있게 되어 있다. 본관 객실 중 1층에 있는 2개의 객실은 전용 실내 온천이 있으며, 2층의 세 객실은 객실 전용 온천이 없다. 2층에 있는 본관 특별실은 전용 온천은 없지만 10조 + 10조 + 8조의 3칸이 연결된 객실로 소안 코스모스 료칸에서 가장 넓고, 최대 정원 6명으로 3대가 함께 여행하기도 좋다.

일본 료칸의 새로운 기준

카이 유후인

界 湯布院

고속버스를 타고 달리다 유후인에 도착할 즈음, 차창 밖 나무들 사이로 계단식 논이 빠르게 지나간다. 유후인이 있는 오이타현은 우리나라의 강원도처럼 동해안 지역 일부를 제외하면 평지보다 산이 압도적으로 많다. 오이타현의 지명은 논과 밭이 많은 지형적 특성에서 유래했으며, 대부분이 계단식 논이다.

2022년 개업한 카이 유후인은 이러한 유후인의 시골 풍경을 재현했다. 료칸 부지에 계단식 논을 만들고 그 주변을 객실과 본관 건물이 감싸는 형태이다. 벼의 성장에 맞춰 푸릇푸릇한 초여름의 논 풍경, 황금빛으로 빛나는 가을의 벼 이삭들, 겨울의 눈 쌓인 경치 등 계절과 시간에 따라 다양한 풍경을 즐길 수 있다.

주소: 大分県由布市湯布院町川上398
전화: 50-3134-8092
홈페이지: https://hoshinoresorts.com/hotels/kaiyufuin/
요금: 일반 객실 37,000엔~, 전용 노천온천 객실 46,000엔~, 전용 노천온천 스위트룸 52,000엔~
객실 수: 45(일반 객실 40, 전용 노천온천 객실 3, 전용 노천온천 스위트룸 2)
온천: 실내온천 1, 노천온천 1(남녀탕 구분)

호시노 리조트의 고급 온천 료칸 브랜드

'카이'는 호시노 리조트의 료칸 브랜드이다. 호시노 리조트는 1914년 도쿄 인근의 고급 휴양지 가루이자와에 문을 연 호시노 온천 료칸에서 시작되었다. 호시노 온천 료칸이 지금의 호시노 리조트로 변경된 것은 호시노 요시하루(星野佳路, 1960~)가 4대째 경영에 참여하면서부터다. 게이오대학교에서 경제학을 전공하고, 전 세계 호텔 관광 업계에서 요직을 차지하고 있는 사람들을 배출한 코넬 대학에서 MBA를 마친 그는 가업인 료칸을 운영하는 데에만 머무르지 않았다. 경영에 어려움을 겪고 있는 료칸과 호텔을 인수해 시설을 리뉴얼하고 운영 방식을 개선하여 전혀 새로운 료칸으로 탈바꿈 시키는 료칸 재생사업으로 영역을 넓혔다. 현재 럭셔리 리조트인 호시노야는 일본뿐 아니라 대만과 발리를 포함해 8곳이 있으며, 고급 온천 료칸 브랜드인 카이는 일본 전역에 23곳이 있다.

건축 설계와 디자인은 구마 겐고가 맡아

카이 유후인의 계단식 논과 밭을 둘러싸고 있는 객실을 비롯해 모든 시설의 설계와 디자인은 건축가 구마 겐고가 담당했다. 2020년 도쿄 올림픽 메인스타디움과 다자이후 스타벅스 등을 설계하기도 한 구마 겐고는 일본 전통 목조 건축의 전도사라 불릴 정도로 나무 소재를 좋아하는데, 카이 유후인에서도 그의 디자인 철학을 느낄 수 있다. 객실 의자는 오이타현 특산품 대나무 소재를 사용하고, 조명은 오래 전 이 지역 주민들이 방을 밝히기 위해 사용했던 반딧불 바구니(호타루카고)를 현대적으로 해석했다. 2017년 유후인 상점가 중심에 개관한 코미코 아트 뮤지엄 유후인도 구마 겐고의 작품으로, 료칸 건축에 대한 고민이 담겨 있는 것으로 보인다.

다양한 체험 프로그램을 제공

카이 료칸의 가장 큰 특징은 료칸이 더 이상 온천과 가이세키 요리만을 위한 곳이 아니라는 점이다. 그 지역의 전통 문화를 체험할 수 있는 각종 프로그램을 제공하는데, 카이 유후인에서는 볏짚을 이용한 공예품 만들기, 안개로 뒤덮인 유후인 분지를 바라보며 체조하기, 매일 저녁 유후인 지역과 온천에 대한 이야기 듣기 프로그램이 마련되어 있다.

지역의 제철 식재료를 활용한 요리

식사는 본관 건물에서 진행되며 개별 룸 또는 논이 보이는 카운터석 중에서 선택할 수 있다. 취재를 위해 혼자 료칸에서 숙박을 하는 경우가 많은데, 2인 또는 4인 테이블에 혼자 앉아 식사를 하다 보면 때때로 불편함을 느끼기도 한다. 이러한 측면에서 혼자서 편하게 식사할 수 있는 카운터석이 있는 카이 유후인은 혼자 방문하기 좋은 료칸이라고 할 수 있다. 식사 메뉴는 벳푸의 신선한 해산물과 오이타현의 제철 식재료 등 유후인 지역을 대표하는 메뉴로 구성이 되어 있다. 메인 메뉴인 샤브샤브 전골 육수는 유후인 지역의 명물 중 하나인 자라를 베이스로 하고 있으며, 샤브샤브용 고기도 오소리, 사슴, 멧돼지, 소고기가 나온다. 실제로 유후인역 뒤쪽 언덕에 자리한 카이 유후인으로 가는 산길에는 사슴과 멧돼지가 자주 목격되며, 사슴과 멧돼지 고기는 유후인 3대 료칸인 카메노이벳소와 타마노유에서도 오래 전부터 즐겨 사용하는 식재료이기도 하다.

카이 유후인은 유후인의 고급 료칸 중에서 유일하게 일본 전국에 지점이 있는 브랜드 료칸이다. 다른 지역의 카이 료칸과 동일한 수준의 서비스를 기대할 수 있는 카이 유후인은 좋은 선택지가 될 수 있다. 유후인 지역과 조화를 이루며 전통문화를 전하고자 하는 카이 유후인은 기대를 저버리지 않는다.

지진의 피해를 극복하다

산소 와라비노

山荘わらび野

새벽 1시 25분, 쾅 소리와 함께 몸이 붕 뜰 정도로 큰 지진이 발
생했다. 료칸 전체가 정전되면서 자동으로 켜진 비상등 불빛 사
이로 숙박객들이 객실 밖으로 나오는 모습이 보였다. 지진으로
뒤틀린 문을 열지 못한 한국인 여성 그룹은 도움을 받아 간신히
나올 수 있었다. 2016년 4월 16일에 있었던 이 지진은 유후인
에서 약 100킬로미터 떨어져 있는 구마모토에서 발생했다. 구
마모토 성이 무너질 만큼 큰 피해를 주기는 했지만 유후인 상
점가와 료칸들이 입은 피해는 크지 않았다. 산소 와라비노를 제
외하면 말이다. 다행히 부상자는 없었지만, 료칸 건물의 상당수
가 복구하기 힘들 정도로 파손되었고 온천 배관에도 문제가 생
겼다. 많은 손님들의 예약이 강제로 취소되고 료칸에서 일하는
30여 명의 직원들도 한순간에 일자리를 잃게 되었다.

주소: 由布市湯布院町川北952-1 / 송영가능
전화: 0977-85-2100
홈페이지: http://www.warabino.net
요금: 스타일리시 스위트 38,000엔~, 메조넷 스위트 57,000엔~
객실 수: 별채 객실 총 13
온천: 전 객실 전용 온천

유후인의 현재와 미래를 만들어가는 료칸

산소 와라비노 료칸은 유후인 긴린코 호수에서 약 3킬로미터 떨어진, 유후인IC 근처에 1988년 개업한 고급 료칸이었다. 3500여평의 넓은 부지에 목조로 지어진 순수 일본풍 료칸으로 객실마다 전용 온천이 있었다. 소안 코스모스, 겟토안(또는 니혼 노아시타바)과 함께 유후인의 신3대 명가라 불리기도 했지만, 지진으로 한순간에 모든 것이 사라졌다. 료칸 재건을 포기하려고도 했으나, 몇 년 전부터 지배인으로 가업을 돕기 시작한 창업주의 아들 다나카 요헤이(高田陽平)의 강력한 의지로 완전히 새로운 료칸으로 다시 시작하게 된다.

비용을 고려하면 기존의 건물들을 최대한 유지하는 것이 좋은 선택이었지만, 언제 다시 발생할지 모르는 지진을 대비해 내진 설계를 고려한 철근 콘크리트 건물을 선택했다. 유후인에서 가장 예스러운 분위기의 료칸이 가장 현대적인 분위기의 료칸으로 바뀐 것이다. 옛 모습 중 남은 것은 료칸 주변을 감싸고 있는 수많은 나무들뿐이다. 료칸 시설과 객실에 전시되어 있는 그림과 소품 등도 롯폰기에서 활동하는 모던 아트 그룹 유타카 기쿠타케 갤러리(Yutaka Kikutake Gallery)와 협업해 세련됨을 더해주고 있다.

재방문 고객이 많은 료칸이었던 만큼, 다다미방과 전통미가 사라진 분위기를 아쉬워하는 경우도 있지만, 숙박객을 맞이하는 마음 즉 오모테나시는 변함없이 유지하고 있다. 다나카 지배인의 새로운 도전은 늘어난 외국인 관광객과 일본 내국인들의 트렌드에 맞추되 부모님 세대에서 만들어온 유후인이라는 브랜드를 계승하고 있다.

∧ 메조넷 스위트 객실 리빙 공간과 침실 공간
＞ 웰컴 스위츠

산소 와라비노에는 공용 온천은 없고, 별채로 되어 있는 총 13개의 객실마다 전용 온천이 있다. 객실은 단층인 스타일리시 스위트와 럭셔리 스위트, 2층 구조로 된 메조넷 스타일리시 스위트와 메조넷 럭셔리 스위트로 4가지 타입이 있다. 단층 객실의 온천은 실내온천이지만 큰 창을 열면 노천온천의 분위기를 느낄수 있는 반노천온천 형태다. 메조넷 객실은 1층은 침실과 리빙공간이며 2층에 테라스와 노천온천이 있어 료칸 내 숲 속의 풍경과 함께 온천을 즐길 수 있다. 다다미가 있는 객실은 없기 때문에 전통적인 료칸과는 다른 분위기이다.

휴식뿐만 아니라 아기자기한 소품들을 둘러보고,

맛있는 음식과 달콤한 디저트를 맛보고,

아침에 긴린코 호수를 따라 산책하고 싶다면

상점가에 자리한 료칸을 이용하는 것이 좋다.

평지에 있어 오래 걷기 힘든 고령의 가족과 함께 여행한다면

더욱 추천하는 곳이다.

유후인의 중심,
상점가의 료칸

친절도 99.9%

하나노마이

はなの舞

유후인 상점가 중심에서 작은 개천 하나만 건너면 복잡했던 풍경은 사라지고 조용한 시골길이 나온다. 꽃과 나무로 둘러싸인 하나노마이 료칸의 입구는 골목길에서 직선으로 연결되지 않고 빙 둘러서 들어간다. 그러나 작고 예쁜 정원을 지나기 때문에 불편하지 않고 즐거운 기분이다. 이러한 분위기는 유후인에서 가장 인품 좋기로 유명한 오카미, 이마이시 후카미 덕분이다. 료칸을 자식처럼 생각하는 오카미는 함께 일하는 직원, 료칸을 찾는 숙박객을 대할 때도 진심을 다한다.

수십 년간 크게 오르지 않던 일본의 물가가 조금씩 인상되기도 했고, 시골 마을에 있는 료칸에서 일하고자 하는 사람이 줄어들면서 인건비가 크게 올랐다. 일부 료칸은 숙박비를 꽤나 올리기도 했다. 그러나 1992년 개업하여 소박하게 운영 중인 하나노마이의 숙박비는 오랜 기간 거의 변화가 없다. 재방문 고객이 많아 예전과 다른 금액을 받는 것이 어렵다.

주소: 大分県由布市湯布院町川上2755-2
전화: 0977-84-5700
홈페이지: http://www.hananomai.net
요금: 본관 건물 18,700엔~, 전용 노천온천 별채 객실 25,300엔~
객실 수: 8(일반 객실 7, 전용 노천온천 별채 객실 1)
온천: 실내온천 1, 노천온천 1(남녀탕 구분), 실내 가족탕 1, 노천 가족탕 1

객실은 총 8개로 이 중 1개는 단독 건물을 이용하는 별채 타입이며 전용 온천을 갖추고 있다. 정원을 바라보며 즐길 수 있는 노천온천은 큰 바위 하나를 깎아서 만든 독특한 욕조이다. 본관 객실은 1층과 2층 객실로 구분되며 1층 객실에는 전용 실내 온천이 있다. 2층 객실은 계단을 올라야 하기 때문에 어린이와 동반하는 경우 추천하지 않으며, 객실 내에 화장실은 있으나 샤워 시설이 없다는 것이 다소 아쉬운 점이다.

식사는 객실이 아닌 본관 건물 옆 식당 히나야(鄙屋)에서 제공된다. 맛으로도 정평 난 이곳은 숙박객이 아니어도 이용할 수 있으며 완전 예약제로 운영된다. 다만, 현재는 가급적 저녁식사 예약은 받지 않고 있으며 규슈산 흑모 와규를 이용한 런치(2,850엔)만 예약이 가능하다. 식사 중에는 사케와 와인뿐 아니라 매년 료칸에서 직접 담근 20여 종의 과실주를 마실 수도 있다.

객실 수 8개의 작은 료칸인 만큼 온천 규모는 크지 않지만 남녀탕이 구분된 노천온천과 실내온천이 있으며, 실내 가족탕과 노천 가족탕이 하나씩 있다. 본관 2층 객실에서 묵을 경우 객실 내에 온천 및 샤워 시설이 없기 때문에 공용온천 또는 가족탕을 이용해야 하지만, 객실 수가 적은 만큼 대부분 원하는 시간대에 이용할 수 있다.

상점가 중심에 있는 매력적인 온천

히노하루

日の春旅館

히노하루 료칸은 유후인의 대표적인 먹거리 중 하나인 금상 고로케 매장 뒤쪽에 있다. 상점가 중에서도 가장 번화한 곳이어서 혹시 시끄럽지는 않을까 걱정할 수 있다. 하지만 유후인 상점가는 관광객들이 모이는 오전 11시부터 오후 4시 사이를 제외하면 대부분의 상점이 문을 닫고 조용해진다. 다시 말해 체크인 시간이 오후 3시부터이고, 곧 상점가들이 문을 닫을 시간이기 때문에 상점가의 소음을 걱정할 필요는 없다. 뿐만 아니라 모든 객실은 상점가 반대편을 향해 있다. 객실 창밖으로 보이는 것은 그저 료칸 부지에 심어둔 큰 나무들이 바람에 조용히 흔들리는 모습뿐이다.

주소: 由布市湯布院町川上1082-1
전화: 0977-84-3106
홈페이지: https://www.hinoharu.jp
요금: 일반객실 18,700엔~, 전용 노천온천 객실 33,400엔~
객실 수: 11(전용 노천온천 객실 2, 일반 객실 9)
온천: 실내온천 1, 노천온천 1(남녀탕 구분), 실내 가족탕 1, 노천 가족탕 1

히노하루 료칸은 상점가에서 가장 가까운 료칸이자 넓은 노천 온천으로 유명하다. 다이쇼 시대(1912~1926)부터 시작된 히노하루 료칸 초기에는 인근 병영의 군인들 천 명이 동시에 입욕할 수 있을 만큼 큰 온천이 있어서 유후인의 센닌부로(천인욕탕)라고 불렸다. 현재의 온천은 규모가 작아지기는 했지만 료칸 숙박객 전부가 동시에 입욕할 수 있을 정도의 규모는 되고 유후인에서도 손꼽히는 크기다. 커다란 바위와 나무로 둘러싸인 온천의 바닥에는 검은 자갈이 깔려있다. 두 곳의 가족탕은 노천온천과 실내온천으로 되어 있다.

2층 목조 건물에는 총 11개의 객실이 있으며, 노천온천이 있는 객실이 2개, 실내온천이 있는 객실이 7개 있다. 이 중 한 객실은 휠체어 대응이 가능한 베리어프리룸으로 객실까지 이동하는 데 단차가 없으며, 객실 내부의 욕실에도 손잡이가 설치되어 있다. 료칸에서 휠체어를 빌려주며, 상점가 중심의 평지에 있기 때문에 고령자와 함께 방문하기 가장 좋은 료칸이다.

긴린코 호수 바로 옆 요리 료칸

료테이 타노쿠라

旅亭 田之倉

유후인 상점가를 지나 긴린코 호수가 시작되는 곳에 자리한 순수 일본풍 고급 료칸이다. 구마모토 오이타 미슐랭 2018에 소개되기도 한 타노쿠라는 총 11개 객실의 소규모 료칸이지만 자매관인 산토칸, 별관 나나카와 료칸과 연결되어 있으며, 세 곳이 온천 시설 및 레스토랑을 공유하며 제법 큰 규모로 운영된다.

공식 명칭이 '유후의 요리 숙소 료테이 타노쿠라'인 만큼 오감을 자극하는 가이세키 요리는 일본 현지인들에게도 높은 평가를 받고 있다. 저녁식사와 아침식사 모두 객실에서 제공되기 때문에 다른 숙박객과 마주칠 일 없이 조용히 머물다 갈 수 있다. 11개의 객실 중 1층에 있는 5개의 객실은 전용 노천온천과 작은 정원을 갖추고 있으며, 2층의 일반 객실에도 전용 실내온천이 있다.

주소: 由布市湯布院町川上1556番地の2
전화: 0977-84-2251
홈페이지: https://www.yufuin-tanokura.com
타누쿠라 요금: 전용 노천온천 객실 53,900엔~, 전용 실내온천 객실 45,100엔~
산토칸 요금: 전용 노천온천 객실 38,500엔~
나나카와 요금: 전용 노천온천 별채객실 34,100엔~
객실 수: 11(전용 노천온천 객실 5, 전용 실내온천 객실 6)
온천: 실내온천과 노천온천 2(남녀탕 구분, 시간별로 교체) / 자매관 산토칸 온천 공유

객실 내 전용 온천 외에도 실내온천과 노천온천이 연결된 형태로 남녀탕 각각 1개씩 있으며, 시간대에 따라 남탕과 여탕이 바뀌기 때문에 온천에 들어가기 전에 확인해야 한다. 료칸 내에서 연결되는 자매관인 산토칸의 온천도 이용할 수 있지만 두 곳 모두 가족탕은 없다. 별관 나나카와는 5개 객실 모두 복층 구조로 된 별채객실이며 객실마다 전용온천이 있다. 공용온천은 타노쿠라와 산토칸의 온천을 이용하고, 식사는 타노쿠라의 식당에서 먹는다. 함께 운영되는 세 료칸 중 가장 고급스러운 곳이 타노쿠라이며, 긴린코 호수에서 도보 1분 거리라는 좋은 위치와 훌륭한 음식으로 인기 있는 곳이지만 일부 객실은 일본의 여행사인 JTB를 통해서만 예약할 수 있기 때문에 우리나라 여행객들이 이용하기에는 제한적이다.

IT기술로 보다 편리하게

에노키야 료칸

榎屋旅館

주민들의 적극적인 노력으로 1970년대부터 인기 관광지로 변신한 유후인의 현재 가장 큰 고민 중 하나는 부족한 후계자이다. 가족이 대를 이어서 운영하는 곳도 있지만 후계자를 찾지 못한 고령의 료칸 경영자는 폐업을 하거나 유후인 지역 외의 기업에 매각하면서, 오랜 시간 지켜왔던 유후인의 풍경이 조금씩 변하고 있다. 1982년 개업한 이래 재방문 고객이 많았던 에노키야도 이런 고민에서 피해갈 수 없었다.

소안 코스모스의 가업을 이어받고 현재는 유후인온천관광협회 회장직을 맡고 있는 오타 신타로가 에노키야를 인수하기로 한 것은 유후인의 가치를 공유하며 지역과 함께 성장해온 료칸이 사라지는 것을 원치 않았기 때문이다. 오랜 기간 일했던 직원들은 물론이고 애완동물이 함께 숙박 가능한 기조도 그대로 유지했다. 2023년 5월에는 오래된 건물을 리뉴얼했는데, 외관과 인테리어만 바뀐 것이 아니라 료칸 서비스 운영에 최신 IT기술을 도입했다.

주소: 由布市湯布院町大字川上1086-2
전화: 0977-85-2285
홈페이지: http://www.yufuin-enokiya.jp
요금: 24,200엔~
객실 수: 12
온천: 실내온천과 노천온천이 있는 가족탕 3

모든 객실은 침대 객실로 다다미 공간은 없지만 단을 높인 리빙 공간이 있으며, 와모던 형식의 깔끔한 디자인으로 특히 젊은 여성고객들의 만족도가 높다. 하지만 객실에 화장실만 있고 욕실이 없어 다소 불편할 수 있다.

객실에는 태블릿이 설치되어 있는데, 태블릿을 이용해 온천 사용 가능 여부를 실시간으로 확인할 수 있다(공용 온천 대신 노천과 실내 온천을 갖춘 3개의 가족탕이 있다). 한국어, 영어, 중국어가 제공되어 언어의 불편함 없이 쉽게 이용 가능하다. 새로운 오모테나시의 방식이라고 볼 수 있겠다.

저녁식사는 1층 다이닝룸에서, 아침식사는 료칸 건물 옆 에노키야사보에서 제공된다. 두 곳 모두 숙박객이 아니어도 이용할 수 있으며, 밤에는 펍으로 운영된다. 체크인 카운터 옆의 자전거는 렌탈용이 아닌 투어상품을 위한 것으로 2시간에 1인당 6,600엔이며 일본어로만 진행된다.

유후인 상점가 남쪽, 긴린코 호수에서 산책로를 따라

10분 거리 지역에 모여 있는 비교적 신생 료칸들이다.

상점가와 호수까지 논밭이 이어지는 평지를 따라 산책하듯 다녀오기 좋고,

유후인역 앞 도리이에서 시작하는 참배길 끝에 있는

우나기히메 신사도 자연스레 다녀올 수 있다.

✽

남쪽의 료칸

바이엔 가든 리조트

메바에소

사이가쿠칸

유후다케가 보이는 평지의 료칸

바이엔 가든 리조트

梅園 GARDEN RESORT

료칸 개업 후 약 20년 동안 명원(名苑)과 명수(名水)의 바이엔이라는 이름으로 영업을 했던 곳으로, 이름 그대로 물도 좋고 정원도 좋은 료칸이다. 1만평의 정원을 걷다 보면 사와가니라는일본 고유종인 게를 볼 수도 있다. 번식을 위해 바다로 갈 필요가 없기 때문에 일본 전국에서 발견되지만 맑은 물이 있는 곳에서만 볼 수 있고, 유후인에서도 바이엔 료칸의 정원 등 일부 지역에만 서식하고 있다. 5월부터 10월 사이에 볼 수 있으며, 낮에는 주로 바위 속에 숨어 있지만 비가 오거나 어두운 날에는활동하는 것을 볼 수 있다.

바이엔 료칸이 인기 있는 가장 큰 이유는 유후다케가 보이는 넓은 노천온천 때문이다. 무소엔, 사이가쿠칸과 함께 유후인에서가장 넓고 풍경이 좋은 료칸으로 꼽으며, 언덕에 있는 두 료칸과 달리 평지에 있지만 유후다케에서 가장 가까워 풍경은 뒤지지 않는다.

주소: 由布市湯布院町川上2106-2
전화: 050-3528-2940
홈페이지: https://www.yufuin-baien.com
요금: 본관 와요시츠 24,200엔~, 별채 객실 28,100엔~, 전용 노천온천 별채 객실 35,200엔~
객실 수: 26(전용 노천온천 별채 객실 5, 별채 객실 7, 본관 일반 객실 14)
온천: 실내온천 1, 노천온천 1(남녀탕 구분), 가족탕 2(노천+실내)

두 곳의 노천 가족탕 역시 상당히 넓은 편으로, 다른 료칸의 공용 노천온천의 크기와 비슷할 정도다. 당일치기 온천으로도 인기가 많던 곳이었는데, 2021년 바이엔 GARDEN RESORT로 리뉴얼 오픈하면서부터 숙박객의 편의를 위해 숙박객 외에는 온천을 이용할 수 없게 되었다.

객실은 전용 노천온천을 갖춘 5개의 별채 객실과 전용 온천이 없는 7개의 별채 객실, 14개의 본관 객실이 있다. 모든 객실은 다다미에 침대가 있는 와요시츠로 되어 있다. 최대 정원이 7명으로 다른 료칸에 비해 전체적으로 객실이 넓은 편이며, 본관 객실 중에는 휠체어로 이동할 수 있는 베리어프리룸도 있어서 3대가 함께 하는 가족여행 숙소로도 인기가 많다. 다만 공식 홈페이지와 예약사이트를 통한 예약은 5명까지만 가능하며, 5명 이상의 숙박은 따로 문의를 해야 한다.

저녁식사는 오이타현의 명물 분고규 스테이크 포함된 가이세키 요리로 제공되며, 벳푸의 명물 세키아지(전갱이)나 모듬회 등 메뉴를 추가할 수도 있다. 요리 추가는 3일 전까지 예약해야 한다. 30명이 동시에 식사할 수 있는 연회장도 있어 비교적 큰 단체가 함께 이용할 수 있는 료칸이기도 하다.

고령의 오카미가 현역으로 남아있는 곳

메바에소
めばえ荘

료칸 메바에소를 지키고 있는 고령의 오카미는 20대의 젊은 나이에 료칸을 운영하던 남자와 결혼하면서 이 일을 시작하게 되었다고 한다. 70대가 넘어서까지 현역으로 남아있는 오카미를 보면 료칸의 오랜 역사를 느낄 수 있지만, 현재의 메바에소라는 이름으로 영업을 한 것은 1989년부터다. 현재의 건물로 리뉴얼한 것은 1999년이다.

유후인 민간 신앙의 중심인 우나기히메 신사 바로 옆에 위치한 메바에소는 3층짜리 순수 일본풍 건물(본관)로 되어 있다. 유후다케가 보이는 본관의 모든 객실은 유후인에서 풍경이 가장 예쁜 객실로 꼽힌다. 특히 2층과 3층에 각각 1개씩 있는 코너 객실은 두 면이 창문으로 되어 있어 압도적인 개방감을 자랑한다. 도자기 욕조와 바위 욕조 두 가지 타입의 전용 노천온천 별채 객실은 각각 2개씩 있다. 객실 전용온천의 풍경은 주변을 둘러싸고 있는 나무가 전부이지만 남녀 노천온천과 두 곳의 노천가족탕에서는 모두 유후다케가 보인다.

메바에소에서 가장 중요하게 생각하는 것 중 하나는 오코메(밥)로 유후인 분지에서 직접 경작한 자가제 쌀로 짓는다.

주소: 由布市湯布院町大字川南249-1
전화: 0977-85-3878
홈페이지: http://mebaeso.com
요금: 본관 객실 22,000엔~, 전용 노천온천 별채 객실 29,700엔~
객실 수: 18(일반 객실 14, 전용 노천온천 객실 4)
온천: 실내온천 1, 노천온천 1(남녀탕 구분), 가족탕 2(실내+노천)

남쪽의 료칸

여심을 사로잡다

사이가쿠칸

彩岳館

높은 곳에서 유후인의 풍경을 내려다 볼 수 있고, 예쁜 패턴과 색상의 유카타 렌탈 서비스가 있어서 오래 전부터 여성 고객들에게 특히 인기가 있는 료칸이다. 상점가의 남쪽에 있지만 가파른 언덕 위에 있기 때문에 상점가나 호수에서 걸어서 가기는 어렵고, 유후인역에서 차를 타고 가는 것이 좋다.

2021년부터 순차적으로 진행된 객실 리뉴얼이 완료되면서 모든 객실이 보다 쾌적해졌다. 객실 세 곳은 노천온천, 두 곳은 제트스파가 있고, 또 다른 두 곳의 객실은 앤티크 가구로 꾸몄다. 순수 일본풍 다다미 객실은 유후다케 풍경이 보이는 업그레이드 객실과 정원이 보이는 스탠다드 객실로 구분된다. 스탠다드 객실과 앤티크룸을 제외한 모든 객실에서 유후다케와 유후인 분지 풍경을 볼 수 있다.

주소: 由布市湯布院町川上2378-1(송영가능)
전화: 0977-44-5000
홈페이지: https://www.saigakukan.co.jp
요금: 스탠다드 객실 25,000엔~, 업그레이드 객실 27,000엔~, 앤티크룸 26,000엔~
객실 수: 16(일반 객실 9, 앤티크룸 2, 전용 노천온천 객실 3, 제트스파 객실 2)
온천: 실내온천 1, 노천온천 1(남녀탕 구분), 가족탕(실내+노천) 2, 가족탕(실내+테라스) 3

저녁식사와 아침식사가 제공되는 1층의 레스토랑도 전통적인 공간에서 모던한 공간으로 리뉴얼 되었다. 곳곳에 예술작품을 설치했으며 큰 창문을 통해 멋진 풍경을 감상할 수 있다. 남녀공용 온천탕은 유후인의 3대 노천온천으로 불릴 만큼 넓고 풍경이 아름답다. 가족탕은 5개가 있는데 2곳은 노천온천, 3곳은 실내온천이다.

레스토랑이 있는 본관 건물을 중심으로 한쪽에는 온천이 있고, 반대편에는 객실이 있다. 언덕에 있는 료칸답게 계단 이용이 많지만 경사면과 휠체어 등을 설치해두어 고령자도 이용하는 데 불편함이 없도록 세심하게 신경 쓰고 있다.

온천 앞쪽의 담화실에서는 일본식 정원을 바라보며 마실 수 있는 생맥주를 판매하며, 예쁜 정원을 배경으로 사진을 찍으며 여유로운 시간을 보내기도 좋다.

유후인의 료칸 중에는 모든 객실에 전용 온천이 있는 곳도 있다.

대신 넓은 공용온천이 없는 경우도 있지만,

다른 료칸에 비해 프라이빗함을 중요시하기 때문에

연인이나 부부들이 선호한다.

프라이빗 온천을
즐길 수 있는 료칸

토쇼안

카이카테이

벳테이 이츠키

사기리테이

커플에게 추천하는 조용한 료칸

토쇼안
東匠庵

오래 전 창고 건물을 이축한 듯한 높은 층고의 본관 건물 한쪽에 마련된 바에 앉아 웰컴 스위츠와 드링크를 마시면서 체크인 수속이 시작된다. 바 정면의 커다란 유리창으로 유후인역 서쪽에 펼쳐진 논밭과 유후다케의 풍경이 보인다. 총 객실 8개의 아담한 료칸이지만 풍경만큼은 웅장하다. 토쇼안의 객실은 일본 전통을 현대적으로 재해석한 와모던 형식으로 되어 있고, 객실 전용 온천은 히노키 온천, 바위 온천, 도자기 온천 등 객실 분위기에 맞춰 각기 다른 정취를 자아낸다.

토쇼안은 유후인역을 출발해 벳푸로 향하는 유후인노모리 등 열차가 지나다니는 선로 가까이에 있는데, 본관 건물의 2층 객실에서는 유후다케와 함께 열차 사진을 찍을 수 있는 것으로 유명하다. 본관에는 1층에 한 개의 객실이, 2층에 세 개의 객실이 있다. 나머지는 단독 건물을 이용하는 별채 객실이며, 로얄 스위트와 특별실 두 곳은 본관 객실 숙박비의 두 배에 이르는 만큼 객실 및 전용 온천의 크기가 상당히 넓다. 공용 온천이 없는 대신 모든 객실에 전용 온천이 있어 프라이빗한 시간을 보내고 싶은 연인과 부부에게 추천한다.

주소: 由布市湯布院町川南1044 - 1(택시 송영)
전화: 050-3528-3816
홈페이지: https://tosyoan.com
요금: 본관 객실 29,000엔~, 별채 객실 31,900엔~, 별채 특별실 39,600엔~
객실 수: 8(본관 객실 4, 별채 객실 4)
온천: 전 객실 전용 온천

저녁과 아침식사는 기본적으로 개별룸으로 된 식당에서 제공
하지만, 객실과 플랜에 따라 객실에서 식사를 하는 경우도 있
다. 숙박비 대비 상당히 좋은 식재료를 사용하는데, 요리장이
직접 엄선한다고 한다. 식기 등 보여지는 것에도 상당히 신경을
쓰고 있다. 이곳의 요리는 현지인들에게도 높은 평가를 받고 있
으며, 아침은 밥 대신 건강을 생각하는 약선죽을 선보인다.

카이카테이

開花亭

2007년 카이카테이를 처음 방문했을 당시, 이 가격에 이런 객실과 음식을 이용하는 것은 말이 안 된다고 생각했다. 당시 요금은 18,300엔(약 18만원). 모두 별채 객실로 전용 실내온천과 노천온천을 갖추고 있고 식사도 개별실에서 제공되었는데, 비슷한 조건의 다른 료칸 숙박비가 30,000엔(약 30만원)이던 것을 감안하면 굉장히 저렴하다. 게다가 판매 수수료를 여행사에 지급하는 대부분의 료칸과 달리, 아무리 많은 객실을 판매하더라도 수수료를 지급하지 않는다. 오로지 고객만을 위한 곳이라고 할 수 있겠다.

시간이 지나며 19,800엔으로 요금이 소폭 인상되었지만 여전히 다른 곳에 비해 저렴한 숙박비를 자랑했던 이곳은 코로나 시대를 보내며 요금이 28,300엔으로 크게 상승해 다소 아쉬움이 남는다. 그러나 긴린코 호수나 상점가에서 도보로 이동할 수 있는 평지에 위치해 있는 점과 전용 온천이 있는 객실과 객실에서 조용히 즐길 수 있는 가이세키 요리는 여전히 매력적이다. 다른 료칸들의 숙박비 역시 조금씩 더 인상된 것을 감안한다면 이보다 더 좋은 선택지는 없다.

주소: 由布市湯布院町大字川上馬場2150
전화: 0977-28-8878
홈페이지: https://www.kaikatei.info
요금: 28,300엔~ (사쿠라테이 료칸 18,700엔~)
객실 수: 8(모두 별채 객실)
온천: 전 객실 전용 노천+실내 온천

프라이빗 온천을 즐길 수 있는 료칸   **115**

총 8개의 객실은 조금씩 다른 모습을 하고 있지만, 객실마다 전용 실내 및 노천온천을 갖추고 있으며 식사는 본관 건물의 개별실에서 제공된다. 개별실은 파티션으로 되어 있고 최대 12명까지 함께 식사를 할 수 있어서 소규모 그룹 여행객들까지 응대가 가능하다.

카이카테이에서 도보 3분 거리에 있는 료칸 사쿠라테이는 카이카테이보다 5년 앞선 1999년에 개업했는데, 별개의 료칸으로 운영되고 있지만 실질적인 오너가 같고 두 곳 모두 전 객실이 별채로 되어 있으면서 전용 노천온천을 갖추고 있다. 차이라면 카이카테이의 객실은 미닫이문으로 구분되는 후타마 구조이고 사쿠라테이의 객실은 8조 또는 10조라는 것과 식사 구성이 조금 다르다는 점이다.

고급 별장과 전통가옥 고민가를 옮겨 오다

벳테이 이츠키

別邸 樹

벳테이 이츠키는 구로가와 온천의 최고급 료칸 중 하나인 겟코슈와 유후인의 최고급 료칸이자 버틀러 서비스를 제공하는 겟코슈 유후인(2023년 개업)을 운영하는 신니혼호텔즈 그룹이 유후인에 처음으로 문을 연 료칸이다. 벳테이 이츠키 역시 최고급 료칸 중 하나이며, 일본 정원을 둘러싸고 있는 14개의 별채 객실은 모두 고민가와 기업 총수, 연예인이 사용하던 고급 별장을 이축한 것이다. 일본 전통을 간직하면서도 현대적으로 재해석된 객실은 저마다 다른 구조와 디자인을 가지며, 전용 온천을 갖추고 있다.

주소: 由布市湯布院町川上2652-2(택시 송영)
전화: 050-3528-2931
홈페이지: https://bettei-itsuki.jp
요금: 45,000엔~
객실 수: 14
온천: 전 객실 전용 온천

∧ 특별실 별채, 유즈안 객실 온천
> 코데마리 객실 온천

가장 인상적인 객실은 본관 건물 앞에 있는 특별실 유우젠이다. 높은 층고의 현관에 들어서면 그동안 료칸에서는 쉽게 볼 수 없는 중후한 장식이 눈에 띈다. 리빙 공간과 침실, 다다미 객실을 갖추고 있다. 넓은 반노천온천탕은 물론 유후인에서 흔치 않은 암반욕장까지 객실 전용으로 즐길 수 있다.

객실 14개 중 다섯 곳은 숙박 정원이 2명이지만 침실과 리빙 공간이 분리되어 있어 보다 아늑하고 편안하게 쉴 수 있다. 넓은 부지에 객실 수가 많지 않고 2인 전용 객실이 다수인 만큼 조용한 시간을 보내기 좋은 료칸이다.

현지의 엄선된 제철 식재료를 이용하는 저녁식사와 아침식사는 본관의 개별실에서 제공되며, 개별실은 테이블석, 다다미 바닥에 밑부분이 파인 호리좌식, 단체석 등으로 되어 있다. 조식에는 유후인을 찾는 가이드들이 가장 선호하는 빵집인 그랜마 그랜파의 빵이 나오는데 반응이 좋다.

취향을 자극하는 성인 전용 료칸

사기리테이

狹霧亭

유후인의 자위대 주둔지 위쪽 언덕에 자리한 사기리테이는 성인만 숙박할 수 있는 료칸이다. 최근 일본의 성인 기준이 만 18세로 낮아졌지만 술과 담배를 할 수 있는 연령은 만 20세부터이며, 사기리테이의 숙박 가능 연령도 만 20세 이상이다.

총 10개의 객실은 모두 별채로 되어 있으며 전용 실내온천 또는 반노천온천탕을 갖추고 있다. 객실의 최대 숙박 정원이 2명인만큼 객실 자체가 넓지는 않지만, 순수 일본풍의 아늑한 공간으로 커플과 부부에게 인기가 많다.

전용 온천 외에도 본관에 남녀 노천온천이 하나씩 있고, 온천을 마치고 나오면 무료로 아이스크림도 먹을 수 있다. 정원 한쪽에 자리한 휴게소에서 온천 계란과 생맥주를 무제한으로 제공하는데, 아마도 이것이 본관에서 객실로 이어지는 돌계단과 더불어 어린이의 숙박을 제한하는 이유 중 하나이지 않을까.

주소: 由布市湯布院町川上811-1
전화: 0977-85-4292
홈페이지: https://gloria-g.com/facility/1096
숙박요금: 22,000엔~
객실 수: 10(모두 별채 객실)
온천: 전 객실 전용 온천, 노천온천 1(남녀탕 구분)

사기리테이의 저녁식사는 한국인의 취향을 저격하는 숯불 야키니쿠가 나온다. 가이세키 요리의 메뉴 구성도 가격 대비 상당히 훌륭한 편. 개별실이 아닌 식당에서 제공되고 여러 객실의 숙박객이 고기를 굽기 때문에 연기가 상당히 많이 나는 편이라 옷에 냄새가 밸 수 있다. 따라서 저녁을 먹을 때는 객실에 비치된 유카타를 입고 가는 것을 추천한다.

사기리테이는 유후인뿐 아니라 벳푸, 오이타에도 총 15개의 중저가 호텔과 료칸을 운영하는 뉴글로리아 그룹 산하의 료칸으로, 가까이에 있는 유후인테이, 칸푸테이, 센도우도 함께 운영하고 있다.

유후인역 뒤편, 유후인에서 가장 울창한 숲 속에 둘러싸인

네 료칸을 소개한다. 숲 속에 자리해 조용히 쉬기 좋은 료칸이지만,

료칸까지 가는 길이 험해서 도보로는 이동이 불가능하다.

따라서 체크인부터 체크아웃까지 료칸에서만 시간을 보내고 싶은

사람들에게 추천한다.

숲 속의 료칸

잇코텐
겟토안
와잔호
니혼노아시타바

감성적인 앤티크 소품과 장식을 보는 재미

잇코텐

一壺天

잇코텐(일호천)은 하나의 호리병 속 하늘이라는 뜻이다. 이 독특한 이름은 중국 후한 말 비장방이라는 사람이 시장에서 약을 파는 노인이 장이 파하자 항아리(壺) 속으로 들어가는 것을 보고 함께 들어갔더니 그곳에 화려한 건물이 모여 있고 술과 요리가 가득한 무릉도원이더라 하는 이야기에서 유래했다.
유후인 북쪽의 깊은 숲 속 잇코텐에 들어서면 높은 삼나무에 둘러싸인 본관과 10개의 객실이 모여 있는 모습을 볼 수 있다.

주소: 由布市湯布院町川上302-7
전화: 0977-28-8815
홈페이지: https://www.ikkoten.com
객실 수: 10
요금: 49,000엔~
온천: 전 객실 전용 온천, 가족탕 2(실내, 노천)

숲 속의 사총사 중에서 가장 고급스러운 객실이 있는 잇코텐 료칸은 2006년 6개의 객실로 시작해 현재는 10개의 객실이 있다. 객실 중 신슈(진주)는 일본 전통 다다미 객실에 한국의 정서가 더해진 한화실(韓和室)이다. 2개의 별저 객실은 각각 6~8명까지 숙박할 수 있고 3대가 함께 머물 수 있을 정도로 넓다.

입구에서부터 예쁜 소품으로 가득한 잇코텐은 본래 앤티크숍을 운영하던 기업이 소유한 료칸이었으나 2016년 현재의 오너로 바뀌었다. 하지만 지금도 료칸 곳곳에 감성적인 앤티크 소품들이 장식되어 있으며 예전의 이미지를 그대로 유지하고 있다.

온천은 객실 전용 온천탕 외에도 2개의 가족탕이 있는데 나무데크로 된 테라스에서 보이는 유후다케의 풍경이 압권이다.

구름다리를 건너 들어가는 독특한 콘셉트

겟토안

月燈庵

겟토안은 300년 전에 지어진 고민가를 이축해서 만든 본관에서 체크인을 한다. 객실로 이동하려면 계곡을 가로지르는 구름다리를 건너야 하는데, 마치 다른 세계로 넘어가는 듯한 기분이 든다.

1만평의 넓은 부지에 18개의 객실이 있으며, 이 중 가장 안쪽에 있는 6개의 객실은 중학생 이상만 숙박할 수 있는 별관 특별실이다. 나머지 12개 객실은 본관 별채 객실로 구분된다.

본관 객실 중 유후다케가 보이는 3개의 객실 후미즈키, 하즈키, 나가즈키는 별관 특별실보다 뛰어난 풍경 때문에 인기가 많다.

일본 전통 다실을 재현한 6개의 별관 특별실은 에도 시대 찻집, 교토의 찻집 등 저마다 다른 콘셉트와 공간 구조로 여성들에게 인기가 많다.

주소: 由布市湯布院町川上295-2
전화: 0977-28-8801
홈페이지: https://www.gettouan.com
객실 수: 18(본관 객실 12, 별관 특별실 6)
요금: 본관 37,000엔~, 별관 특별실 43,000엔~
온천: 전 객실 전용 온천, 노천온천과 실내 대욕탕(남녀탕 구분), 별관 특별실 전용 노천 가족탕 2

모든 객실에 전용 온천탕이 있지만 공용 온천도 잘 갖춰져 있어 다양한 온천을 경험할 수 있다. 본관 객실 쪽에는 널찍한 남녀 개별 노천온천과 실내 대욕탕이 있고, 별관 특별실 쪽에는 전용 노천 가족탕이 두 곳 있다. 계곡 바로 옆에 있는 별관 특별실 전용 가족탕은 니혼노아시타바 료칸의 대노천온천과 함께 유후인에서 가장 매력적인 노천온천으로 꼽힌다.

본관 객실과 별관 특별실은 식사 장소도 다르고 메뉴에도 약간의 차이가 있다. 료칸에 따라 다르긴 하지만 대부분이 객실 등급이 달라도 식사는 동일하게 제공되는데, 겟토안의 경우 본관 객실과 별관 특별실에 차별화를 두었다.

최근 본관 객실은 식사 불포함 플랜을 판매하기도 하는데, 료칸에서 식당이 있는 상점가까지 도보로 이동이 어렵기 때문에 식사 불포함으로 예약할 경우 상당한 불편을 감수해야 한다.

객실에서 바라보는 아름다운 숲의 전경

와잔호

和山豊

숲 속의 료칸 사총사 중 가장 합리적인 가격대의 료칸. 12개의 객실은 고민가풍의 별채로 이루어져 있으나 객실 간 간격이 좁고 본관 건물 양쪽으로 이어져 있기 때문에 독립적인 느낌은 다소 부족하다. 하지만 객실 내에서 보이는 숲의 전경이 매우 훌륭하고, 특히 깊은 숲 속에 있지만 료칸 부지 내에 경사진 곳이 없이 회랑으로 연결되어 있어 고령의 숙박객도 이용하는 데 불편함이 없다.

객실은 8조+6조의 순수 다다미 객실과 침실이 있는 와요시츠로 되어 있으며, 모든 객실에 실내온천과 노천온천탕이 있다. 전용 온천 외에도 보다 넓고 쾌적한 남녀 개별 노천온천이 있다. 노천온천 옆 휴게실에는 숲을 바라보며 즐길 수 있는 무료 안마의자 등 부대시설을 갖추었다. 요리장이 엄선한 유기농 채소와 오이타현의 육류 및 해산물을 이용하는 가이세키 요리도 좋은 평가를 받고 있다.

주소: 由布市湯布院町川上388-1
전화: 0977-28-8805
홈페이지: https://www.wazanho.jp
객실 수: 12
요금: 26,500엔~
온천: 전 객실 전용 실내+노천온천, 공용 노천온천(남녀탕 구분)

숲 속의 료칸

감성을 자극하는 깊은 숲 속의 료칸

니혼노아시타바
二本の葦束

신선초를 뜻하는 료칸의 이름과 어울리는 예쁜 로고가 인상적인 니혼노아시타바는 여성들에게 압도적인 인기를 누리고 있는 료칸이다. 유후인역에서 멀리 떨어진 조용한 숲 속에 자리한 이곳은 4,500평의 넓은 부지에 13개의 객실이 적당한 거리를 두고 있다. 유후인 내 료칸 중에는 단독 건물을 이용하는 별채 객실이어도 옆 방의 소리가 들릴 정도로 객실 간격이 가까운 경우가 많은데, 니혼노아시타바는 객실간 거리가 있을 뿐 아니라 중간중간 큰 나무나 담장으로 서로의 공간을 확실히 구분하고 있다.

료칸에 도착하면 본관에서 체크인 수속과 함께 웰컴 스위츠가 나온다. 디저트 전문점에서나 볼 법한 화려한 스위츠는 맛도 좋아서 저녁식사에 대한 기대감을 불러 일으킨다. 소재 본연의 맛을 살리면서 고급 식기에 예쁘게 담겨 나오는 저녁과 아침식사는 높은 평을 받고 있다.

주소: 由布市湯布院町川北918-18
전화: 0977-84-2664
홈페이지: https://2hon-no-ashitaba.co.jp
객실 수: 13(전 객실 별채 형태)
요금: 41,530엔~
온천: 노천 가족탕 2, 실내 가족탕 6

숲 속의 료칸

고민가를 이축한 13개의 객실은 일본의 미의식에 기반하고 있으며, 소품 하나하나 감성을 자극한다. 사라이, 쿠리노쿠라, 칸, 요우칸을 제외하면 모든 객실에 전용 실내 및 노천온천탕이 있다. 객실 내에 온천이 없더라도 6개의 실내 가족탕과 2개의 노천 가족탕이 있으니 이를 이용하면 된다.

이 중 대노천온천은 숲과 조화를 이룬 가족탕으로 가족탕이라는 것이 믿기지 않을 만큼 넓다. 체크인 시 예약 가능하며 숙박 중 1회 이용 가능하다. 대나무 숲으로 둘러싸인 아늑한 분위기의 죽림 노천온천과 실내 가족탕은 비어 있으면 언제든 자유롭게 이용할 수 있다. 본관 앞에는 자유롭게 먹고 마실 수 있는 온천 계란과 음료수가 있다.

상점가 북쪽 언덕의 온천수는

알칼리 성분이 많고 푸른빛을 띠어 신비한 매력을 자아낸다.

언덕 초입에 자리한 호테이야 등을 제외하면

대부분은 가파른 언덕에 있어 도보로 이동하기는 쉽지 않다.

북쪽 언덕의 료칸

호테이야

야스하

노비루산소

오야도이치젠

전원 풍경의 고급 료칸

호테이야
ほてい屋

우리나라 여행객들에게 유후인 온천이 본격적으로 알려진 2000년대 중반부터 호텔 예약사이트를 통해 료칸을 예약할 수 있게 된 2010년대 중반까지 한국인들이 가장 선호하였던 고급 료칸이다. 수준 높은 서비스, 훌륭한 객실과 온천, 상점가와 긴린코 호수와의 접근성 등 여러 가지 측면에서 균형 잡힌 만족도를 선사해 지금도 변함 없이 인기가 있는 곳이다.

닭이 뛰어 노는 정원, 고민가를 이축한 별채 객실, 전통 난방기구 이로리(囲炉裏, 화로)가 있는 본관 건물 등 일본 시골 마을의 정취를 자아내는 감성적인 공간이 많다. 객실은 총 13개로 본관의 일반 객실 2개와 별채 객실 8개, 특별실 3개로 구분된다.

주소: 大分県由布市湯布院町川上1414
전화: 0977-84-2900
홈페이지: https://www.hoteiya-yado.jp
요금: 별채 객실 33,000엔~, 특별실 47,000엔~
객실 수: 13(별채 특별실 3, 별채 객실 8, 본관 객실 2)
온천: 객실 전용 노천온천(본관 객실 제외), 노천온천(남녀탕 구분), 가족탕 2(실내, 반노천)

2개의 본관 객실을 제외한 모든 객실에 전용 노천온천탕이 있고, 료칸의 가장 안쪽에 위치한 특별실은 저녁식사 메뉴도 다르게 제공된다. 대부분의 별채 객실이 단독 건물을 이용하지만 '유후'와 '츠루미' 객실은 같은 건물을 사용하며 각각 2층, 1층에 위치해 있다. 2층의 유후 객실은 어린이 숙박을 제한한다.
객실 전용 온천탕 외에도 보다 넓은 남녀 개별 공용 노천온천과 2개의 가족탕이 있다. 가족탕 중 호테이노유는 실내온천, 유후다케노유는 반노천온천으로 규모는 크지 않지만 유후인의 료칸 중 유후다케가 가장 가까이에서 보이는 온천으로 풍경이 멋지다.

청탕으로 유명한 미인온천

야스하

泰葉

료칸 대표가 우리나라 여행사를 방문할 때 료칸에서 솟아나는 온천수를 담아와서 전해줄 정도로 수질에 자신이 있는 료칸이다. 대부분의 유후인 내 료칸이 자가원천을 이용하긴 하지만, 야스하의 온천은 용출량이 가장 많은 편이며 빛에 따라 푸른 빛을 띠는 청탕으로 아주 유명하다. 언덕길 끝자락에 자리한 야스하 료칸에 도착하자마자 마주하게 되는 본관 옆 길다란 족욕장과 쉬지 않고 온천 증기가 솟아오르는 펌프를 보면 이곳이 정말 온천이 많이 샘솟는 곳이라는 것을 실감할 수 있다.

주소: 由布市湯布院町川上1270-48(송영가능)
전화: 0977-85-2226
홈페이지: http://www.yasuha.co.jp
객실 수: 19(본관 일반 객실 8, 본관 전용 노천온천 객실 3, 전용 노천온천 별채 객실 8)
요금: 본관 일반 객실 22,000엔~, 전용 노천온천 객실 28,000엔~
온천: 실내온천, 노천온천(남녀탕 구분), 가족탕 8

∧ 온천 증기를 뿜어내고 있는 펌프
> 푸른빛을 띠는 야스하의 온천수

본관 2층에 있는 8개의 객실은 일반 객실로 전용 온천이 없으나, 본관 1층의 3개 객실과 별채로 된 8개 객실에는 모두 전용 노천온천탕이 있다. 온천 수질이 좋기도 하지만 온천 시설 또한 많은데, 본관 2층에는 2층 숙박객 전용 가족탕이, 본관 외부에 남녀 개별 공용 노천온천과 실내온천이, 그리고 숙박객이 아니어도 이용할 수 있는 7개의 가족탕이 있다.

계곡 옆의 아담한 료칸

노비루산소

野蒜山荘

1993년 문을 연 이후로 가족경영을 이어가고 있는 아담한 료칸이다. 계곡의 경사면에 지어진 목조 건물에 총 10개의 객실이 있다. 이곳의 온천도 푸른빛이 돌며 계곡과 맞닿아 있는 노천온천에서는 자연의 소리를 감상하며 온천을 즐길 수 있다. 10개의 객실 중 4개 객실에만 전용 온천이 있으나 남녀 개별 노천온천과 실내온천, 3개의 노천 가족탕이 있기 때문에 전용 온천이 없는 객실에 숙박해도 언제든 편하게 온천을 즐길 수 있다.

상점가와 긴린코 호수에서 멀리 떨어져 있고, 온천으로 이동 시 계단을 오르내려야 하는 곳도 있어서 어린아이나 고령의 숙박객은 다소 불편할 수 있다.

주소: 由布市湯布院町川上786-6
전화: 0977-85-4768
홈페이지: https://nobiru-sansou.com
객실 수: 10(본관 객실 9, 전용 노천온천 별채 객실 1)
요금: 본관 객실 22,000엔~, 전용 온천 객실 25,000엔~
온천: 실내온천, 노천온천(남녀탕 구분), 가족탕 3(실내+노천)

북쪽 언덕의 료칸

순수 일본풍 식사와 객실을 경험하고 싶다면

오야도이치젠

御宿 一禅

대부분이 창작 가이세키 요리를 선보이는 유후인에서 정통 교
토식 가이세키 요리를 맛볼 수 있는 료칸이다. 청색 또는 짙은
흰색으로 변하는 온천수로도 잘 알려져 있다. 10개의 순수 일
본풍 객실 중 7개의 객실은 단독 건물을 이용하는 별채이며 바
위 또는 자기로 만든 전용 온천탕을 갖추고 있다. 그 외에도 남
녀 개별의 공용 노천온천과 실내온천, 노천 가족탕이 있으며,
식사나 온천 후 편하게 쉴 수 있는 잘 가꾸어진 정원도 훌륭하다.

주소: 由布市湯布院町川上1209-1
전화: 0977-85-2357
홈페이지: https://www.oyado-ichizen.com
객실 수: 10(전용 노천온천 별채 객실 7, 본관 객실 3)
요금: 본관 객실 25,000엔~, 전용 온천 객실 33,000엔~
온천: 실내온천, 노천온천(남녀탕 구분), 가족탕 1(실내+노천)

료칸 여행이라 하면 고급 · 고가의 이미지가 강하지만

료칸 선택의 폭이 넓은 유후인에서는 도심 속 호텔보다

낮은 예산으로 이용할 수 있는 곳도 많다.

유후인 료칸의 온천 수질은 어디나 비슷하고,

단지 서비스나 식사가 간소화될 뿐이다.

가성비가 좋은 료칸

히카리노이에

하나노쇼

유후인클럽

히카리노이에
光の家

의류업에 종사하던 남편과 모델 활동을 하던 아내가 오랫동안
휴업 상태였던 료칸을 인수해 2019년 새롭게 개업한 곳이다.
조리사 자격증 취득, 골동품 판매 허가 과정, 도시에서 살다가
유후인으로 귀향한 후의 소소한 일상과 료칸의 소식을 SNS로
전하면서 젊은 사람들의 관심을 받게 되었다. 스태프들도 SNS
를 통해 이곳을 알게 되고 함께 일하고 싶어 찾아왔다고 한다.
이들은 유후인의 전통과 가치를 배우고 이를 지키기 위해 인근
의 료칸들과 좋은 관계를 맺고 함께 다양한 이벤트를 진행하고
있다.
객실은 총 8개. 대부분이 다다미 객실이며, 다다미에 침대가 놓
인 객실이 하나 있다. 다다미 객실 중 일부는 2~3인 정도만 숙
박할 수 있을 정도로 아담하지만, 감성적인 공간으로 인기가 많
다. 이러한 탓에 숙박객의 연령대는 낮은 편이며, 부담 없는 숙
박요금으로 재방문객이나 장기 숙박객이 많은 편이다.

주소: 由布市湯布院町川上2490
전화: 0977-85-3011
홈페이지: https://www.hikarino-ie.com
객실 수: 8(다다미 객실 7, 다다미+침대객실 1)
요금: 22,000엔~
온천: 실내온천, 노천온천(남녀탕 구분)

위치도 경치도 만족

하나노쇼
花の庄

2천 평의 넓은 일본식 정원을 갖추고 있으며, 50개의 객실 대부분에서 유후다케를 볼 수 있는 료칸이다. 유후인역에서 접근성도 좋고 휠체어 대응도 가능하기 때문에 여러 세대의 가족이 함께 이용하기 좋다. 10명 이상이 함께 식사할 수 있는 연회장도 갖추었다. 기본 객실인 다다미 방은 14.5조로 상당히 넓은 편이며, 전용 노천온천탕을 갖춘 객실도 있다.

로비에서 연결되는 정원은 아름다운 풍경뿐 아니라 억새로 만든 지붕이 인상적인 고민가와 물레방아 등이 있어 사진을 찍기에도 좋다. 호텔처럼 규모가 크지만 료칸의 오모테나시를 경험할 수 있으며, 하나노쇼 바로 옆에 있는 료칸 산스이칸도 마찬가지이다. 단, 산스이칸은 저녁식사와 아침식사가 모두 뷔페로 제공되므로 료칸의 서비스를 경험하고 싶다면 산스이칸보다는 하나노쇼에 머무는 것을 추천한다.

주소: 由布市湯布院町川上2900-5
전화: 0977-84-2161
홈페이지: http://hananosho.co.jp
객실 수: 46(다다미 객실 36, 전용 노천온천 객실 6, 침대객실 3, 특별실 1)
요금: 일반 객실 21,000엔~, 전용 노천온천 객실 25,000엔~, 특별실 32,000엔~
온천: 실내온천, 노천온천(남녀탕 구분)

산스이칸 山水館

주소: 由布市湯布院町川南108-1

전화: 0977-84-2101

홈페이지: https://www.sansuikan.co.jp

객실 수: 70(다다미 객실 37, 침대 객실 28, 다다미+침대 객실 1, 특별실 4)

요금: 일반 객실 22,000엔~, 특별실 25,300~, 스위트 36,300엔~

온천: 실내온천, 노천온천(남녀탕 구분)

가성비가 좋은 료칸

수영장도 있는 회원제 호텔

유후인클럽

由布院倶楽部

유후인역과 긴린코 호수의 중간 즈음에 위치한 곳으로 유후인에서 가장 큰 규모의 료칸이다. 우리나라의 콘도미니엄과 유사하게 회원제로 운영되고 있으나 비회원도 예약 가능하다. 1986년 문을 연 만큼 전체적인 시설은 다소 노후화 되었지만 모든 객실이 40평방미터로 상당히 넓고 유후인에서 유일하게 온수 풀(길이 13미터, 폭 7미터의 크기로 꽤 큰 편이다)과 오락시설 등의 부대시설을 갖추고 있다. 게다가 개천 옆에 위치해 있어 객실에서 바라보는 풍경이 훌륭하다. 저녁식사는 가이세키 요리로 제공되며, 조식은 로비의 원형 레스토랑에서 뷔페로 제공된다.

전체적으로 료칸 느낌은 다소 부족하지만, 객실이 많은 편이어서 유후인 여행 시 최후의 보루 정도로 생각하면 좋다.

주소: 由布市湯布院町川上2952-1
전화: 0977-28-2600
홈페이지: https://www.yufuinclub.jp
객실 수: 97(다다미 객실 54, 침대 객실 43)
요금: 16,500엔~
온천: 실내온천, 노천온천(남녀탕 구분), 실내 온수 풀

가성비가 좋은 료칸

유후인 여행하기

꼭 한번 가봐야 하는 유후인 명소
잊을 수 없는 유후인의 또 다른 맛
유후인에서 발견한 아이템

꼭 한번 가봐야 하는 유후인 명소

Sightseeing

유후인역 由布院駅

평화로운 온천마을에 어울리는 유후인역은 건축계의 노벨상인 플리츠커상을 받은 오이타 출신의 건축가 이소자키 아라타(磯崎新)의 작품이다. 북규슈시립미술관, 교토 콘서트홀 등 예술 관련 시설을 주로 설계했던 건축가답게 역사 내에도 아트홀 공간을 설치했다. 건물 외관은 예배당을 모티브로 하였다. 대합실로 이용되는 아트홀은 매월 전시를 바꿔가며 무료로 공개한다.

일본에서 온천이 두 번째로 많이 솟아나는 곳이니 만큼 역내에서도 온천이 솟아나고 있으며 이를 이용해 1번 승강장 끝에 족욕장을 설치했다. 이용요금은 200엔이며 예쁜 엽서로 된 티켓과 발을 닦을 수 있는 작은 수건이 포함되어 있다. 유후인역은 지금도 자동개찰기를 사용하지 않고 역무원이 직접 티켓을 확인한다. 대부분의 역에서 사라진 아날로그적인 풍경을 유지하는 까닭은 시골 온천마을인 유후인을 찾는 여행객에게 옛 추억을 전해주기 위함이다. 이 역시 소소한 오모테나시라고 할 수 있겠다.

📍 由布市湯布院町川北 8-2
☎ 0977-84-2021
🕐 09:00~19:00 (승강장 족욕)
　 09:00~18:00 (아트홀)
💴 200엔(수건 포함)

유후인 관광 안내소 YUFUiNFO

유후인역을 나서면 오른편에 외부가 전면 유리로 된 독특한 건물이 보인다. 투명한 유리창을 통해 나무 소재의 내부 인테리어가 그대로 보이는 이곳은 2018년 개관한 유후인 관광 안내소이다. 1층 안내센터에서는 츠지마차, 노루코를 예약할 수 있고 자전거 대여와 짐 보관 서비스 등을 이용할 수 있다. 2층은 약 1,500여권의 책을 소장한 도서관으로 휴게실처럼 이용된다. 테라스에서는 유후다케의 풍경을 볼 수 있다. 독특한 구조의 건축물로 전 세계에서 주목 받는 반 시게루(坂 茂)가 설계했으며, 아름다운 건축미를 감상할 수 있도록 영업이 종료되어도 저녁 9시까지 조명을 켜둔다.

📍 由布市湯布院町川北 8-5
☎ 0977-84-2446
🕘 09:00~17:30

유후인 칫키 ゆふいんチッキ

유후인 관광 안내소에서 제공하는 짐 운송 서비스. 이곳에 짐을 맡기면 유후인 지역의 제휴 료칸으로 보내거나 체크아웃 이후 료칸에 맡겨둔 짐을 수거해 이곳에서 찾을 수 있다. 유후인역에 도착해 짐만 먼저 료칸으로 보내고 가볍게 상점가를 둘러보자(반대도 마찬가지). 체크인 전후에 무료로 료칸에 짐을 맡길 수도 있고 유후인역의 코인라커나 유인 보관소를 이용할 수도 있지만, 유후인 칫키는 짐을 보내준다는 점에서 확실히 편리하다.

🏛 유후인 관광 안내소에서 접수
🕘 09:00~17:00
　(접수 및 수령 시간에 주의)
💴 사이즈에 따라 300 ~800엔
　(20kg이상인 경우 추가 200엔)

츠지마차 辻馬車

유후인 하면 가장 먼저 떠오르는 풍경 중 하나가 바로 커다란 말이 끄는 마차가 시골길을 지나는 모습이다. 1975년 관광객이 찾아오는 마을로 만들기 위해 유럽을 다녀온 청년들이 도입했다. 원래는 일본 고유종이 마차를 끌었으나 마차의 무게를 감당하지 못해 마차에 적합한 유럽의 말을 도입했다. 당시 1,000만 엔이 넘는 말을 유럽에서 데려오면서 큰 화제가 되었으며, 1993년 인기 소설《유후인 살인사건》에 주인공들이 열차에서 내려 바로 마차를 타고 료칸으로 이동하는 장면이 등장하면서 전국적으로 알려지기도 했다. 유후인역을 출발해 우나기히메 신사를 들러 오는 약 50분 코스이며, 현재는 3마리의 말(유키, 사자리, 사무)이 교대로 운행하고 있다. 그중 흰말 유키는 2000년생으로 무려 24년간 15만 명 이상의 승객과 함께 2만 번 이상 유후인 마을을 산책했다. 츠지마차 운행은 하루 10회 정도이며, 말의 건강 상태와 날씨에 따라 운행하지 않는 경우도 있다. 예약은 유후인 관광 안내소에서 하면 된다.

- 🏛 유후인 관광 안내소에서 접수
- 🕐 09:00~16:30 (3~11월: 하루 10편)
  09:00~14:30(12월: 하루 8편)
  1, 2월은 운휴
- ¥ 성인 2,200엔, 초등학생 이하
  1,650엔

노루쿠 nolc (ノルク)

관광객은 물론 유후인 거주민들의 편의성 향상을 위한 시범 사업으로 진행되고 있다. 타는 것(노루乗る)과 걷는 것(아루쿠歩く)이 즐거워진다는 의미이다. 시속 20km/h로 운행되는 전기자동차는 츠지마차의 미래로도 여겨진다. 하루 3편 운행하며 유후인역 뒤쪽의 플로라 하우스에 들렀다가 우나기히메 신사를 거쳐 유후인역으로 돌아오는 50분 코스이다.

- 🏛 유후인 관광 안내소에서 접수
- 🕐 10:30, 11:30, 13:30
- ¥ 성인 1,200엔, 초등학생 이하
  1,000엔

규슈자동차역사관 九州自動車歷史館

개인 수집가가 1988년 개관한 곳이다. 20세기 초부터 1970년대까지 유럽과 미국, 일본의 희귀한 클래식 카 70여 대가 전시되어 있다. 자동차 외에도 30여 대의 오토바이와 다양한 미니어처 차량, 주크박스 등 전시품들이 가득하다. 전시실 1층에는 유후인 지역을 1/150 축적으로 재현한, 유후인 분지를 지나는 미니어처 유후인 노모리 열차를 직접 운행해 볼 수도 있다. 기념품 숍에서는 1,000여 종의 미니카를 비롯해 자동차 관련 완구와 굿즈 등을 판매한다.

📍 由布市湯布院町川上1539-1
☎ 0977-84-3909
🕐 09:30~16:30 (월~금),
　　09:30~17:00 (토, 일, 공휴일)
💴 성인 1,000엔, 중·고등학생 900엔,
　　어린이 400엔

유후인 플로랄 빌리지 湯布院フローラルヴィレッジ

영화 〈해리포터〉 촬영지로도 잘 알려진 영국의 아름다운 마을 코
츠월드의 거리 풍경을 재현한 미니 테마파크이다. 고개를 숙여야
들어갈 수 있을 만큼 입구부터 아기자기한 상점에는 무민, 포켓몬,
피터래빗 등의 캐릭터들이 모여 있다. 이상한 나라의 앨리스에 등
장하는 체셔 고양이가 사는 숲을 모티브로 하는 카페와 알프스 소
녀 하이디의 분수대도 있다. 사진을 찍기 좋은 곳이지만 낮 시간에
는 사람들로 붐비기 때문에 예쁜 사진을 찍고 싶다면 아침 일찍 가
는 것을 추천한다.

📍 由布市湯布院町川上1503-3
☎ 0977-85-5132
🕐 09:30~17:30

긴린코호수 金鱗湖

유후인역에서 상점가를 따라 30분 거리에 있는 긴린코 호수는 유후인의 상징 같은 존재이다. 오래 전에는 특별한 이름 없이 유후다케 아래의 호수 정도로 불렸으나 1884년 이곳을 방문한 유학자 모리쿠소(毛利空想)가 호수의 물고기 비늘이 저녁 햇살에 비쳐 금색으로 보인 것에서 '금색 비늘의 호수'라는 뜻의 긴린코로 불리게 되었다. 석양이 비치는 호수의 모습도 아름답지만 여행객들에게 인기 있는 풍경은 이른 아침 안개가 자욱한 호수의 몽환적인 모습이다. 호수 바닥에서는 온천이 솟아나는데, 따뜻한 호숫물이 새벽의 찬 공기와 만나면서 안개가 발생한다. 기온 차이가 큰 가을과 겨울에 주로 볼 수 있는 풍경이다. 호수 둘레는 약 400미터로 약 100미터 정도는 카메노이벳소 료칸과 맞닿아 있고 란푸샤, 샤갈 카페, 이즈미 소바 등 호수의 풍경을 보며 식사할 수 있는 곳도 있다.

📍 由布市湯布院町川上1561-1

시탄유 下ん湯

긴린코 호숫가에 억새 지붕의 나무 건물이 한 채 서 있다. 이곳은 남녀혼탕으로 운영되는 공용온천 시설로 입구에 설치된 요금함에 200엔을 자율적으로 내고 사용한다. 실내온천탕에서 이어지는 노천온천에서는 긴린코 호수의 풍경을 볼 수 있는데, 반대로 호숫가를 산책하는 사람도 온천을 즐기는 모습을 볼 수 있다. 남녀혼탕에다가 탈의실도 남녀가 함께 쓰며 수영복을 입거나 욕조에 수건을 갖고 들어갈 수 없기 때문에 쉽게 이용할 수 있는 곳은 아니다. 온천을 하는 사람들에게 방해가 되지 않도록 안을 보기 위해 문을 열어보는 행동을 자제해야 하며, 수건이 제공되지 않으니 미리 수건을 준비해야 한다.

시탄유 근처에는 남탕과 여탕이 구분되어 있는 오래된 실내 온천 시설이 있는데, 이곳은 유후인 주민들만 이용할 수 있으며 외부인은 출입금지다. 외부인이 이용 가능한 온천 시설은 상점가에 위치한 히노하루 료칸 건너편의 유노츠보 온천으로, 마찬가지로 요금함에 200엔을 자율적으로 내고 이용할 수 있으며, 남녀 개별의 실내온천이 마련되어 있다. 탈의실도 구분되어 있다. 이곳 역시 수건을 제공하지 않으므로 작은 수건을 미리 챙겨가자.

시탄유
- 由布市湯布院町川上1578
- 10:00~21:00
- 200엔 (무인 요금함)

유노츠보 온천
- 由布市湯布院町川上1087-1
- 10:00~18:00
- 200엔 (무인 요금함)

우나기히메 신사 宇奈岐日女神社

유후인역에서 상점가를 따라 긴린코 호수 방향으로 걷다 보면 하늘 천(天) 모양의 돌로 만들어진 거대한 도리이가 있다. 도리이는 신성한 곳이 시작됨을 알리는 관문으로, 이 관문의 오른쪽 길을 따라 가면 유후인 신앙의 중심지인 우나기히메 신사에 도착한다.

📍 由布市湯布院町川上2220
☎ 0977-84-3200

전설에 따르면, 아름다운 여신이 거대한 호수였던 유후인 지역을 지나다가 어렵고 힘든 사람들을 보고 호수의 한쪽을 무너뜨려 물을 빼내 농사를 지을 수 있는 분지 지형으로 만들었다고 한다.

우나기히메 신사는 바로 이 여신을 모신 곳이다. 우나기히메를 우리말로 해석하면 '장어여신'인데, 장어를 뜻하는 '우나기'와 비슷한 발음의 '우나구'는 옥으로 만든 장신구이며 오래 전부터 무녀들이 착용했다고 한다. '우나구'로 장식한 무녀가 있는 신사라서 우나기히메가 되었다는 설도 있다.

오랜 역사를 지닌 신사답게 수백 년 된 큰 나무로 둘러싸여 있는데 1991년 태풍 19호에 의해 수백 그루의 나무가 쓰러졌고, 이 중 수령 600년이 넘는 거대한 삼나무 그루터기는 아직도 경내 한편에 모셔져 있다. 메바에소 료칸 바로 앞에 있으며 바이엔, 카이카테이, 사쿠라테이, 히카리노이에 료칸에서 숙박한다면 가볍게 산책하듯 다녀오기 좋은 곳이다.

오오고샤 大杵社

유후인역에서 약 1킬로미터 거리의 언덕에 위치한 오오고샤는 우나기히메 신사의 경외말사(작은 신사)이다. 삼나무와 대나무 숲으로 둘러싸인 경내는 수령 1000년 이상의 거대한 삼나무 한 그루가 신비한 자태를 뽐내고 있다. 높이 38미터, 둘레 13.3미터의 이 나무는 뒤로 돌아가면 중간이 비어 있어 마치 작은 동굴처럼 보인다. 신상이 모셔져 있으며, 애니메이션 〈이웃집 토토로〉에서 토토로가 살던 나무 동굴의 모티브가 된 곳이기도 하다. 가파른 언덕길을 따라 올라가야 하지만 좋은 기운을 받는 장소(파워스폿)로 알려져 있어 많은 일본인들이 방문한다. 무소엔 료칸에서 가까워 당일치기 온천과 함께 방문하기 좋다.

📍 由布市湯布院町川南746-19

공상의 숲 아르테지오 空想の森アルテジオ

유후인 3대 명가 중 하나인 산소무라타에서 운영하는 미술관. 산소무라타의 카페 '더테오 (The Theo)'와도 연결된다. 비디오 아트의 선구자인 백남준에게 큰 영향을 미친 미국의 작곡가이자 전위예술가 존 케이지, 사진의 예술적 가치에 집중한 시각예술가 만 레이 등 미술과 음악을 하나의 예술로 주제 삼은 작가들의 작품이 전시되어 있다. 2층 라이브러리는 음악과 미술책 1천여 권을 소장 중이며, 편안한 소파에 앉아 자유롭게 읽을 수 있다.

📍 由布市湯布院町川上1272-175
☎ 0977-28-8686
🕐 10:00~17:00

코미코 아트 뮤지엄 COMICO ART MUSEUM YUFUIN

NHN 일본법인에서 2017년 개관한 미술관. 코미코(Comico)는 NHN
이 운영하는 웹툰 플랫폼에서 유래한 이름이지만, 미술관에 전시
되는 작품들은 웹툰과는 상관 없는 현대미술 작품 위주이다.
2020년 도쿄 올림픽 스타디움을 설계한 일본의 유명 건축가 구마
겐고가 설계했으며 삼나무를 불에 태운 자재를 활용해 강한 인상
을 주면서도 주변의 풍경과 잘 어울린다.
1층 전시실에는 쿠사마 야요이, 미야지마 타쓰오 등의 현대미술 작
품이 전시되어 있고, 2층 테라스에는 나라 요시모토의 커다란 강아
지 조형물 〈Your Dog〉가 유후다케의 풍경과 함께 어우러진다. 전
시 공간 중 일부는 사진 촬영 금지이며, 입장 요금에는 한국어 음성
가이드도 포함되어 있다.

📍 由布市湯布院町川上2995-1
☎ 0977-76-8166
🕐 09:30~17:00 / 매주 수요일 휴관
💰 성인 1,700엔, 대학생 1,200엔,
　　중고생 1,000엔, 초등학생 700엔
　　(인터넷 예약 시 200엔 할인)
🌐 https://camy.oita.jp
📷 @comicoartmuseum1022

정동주 유후인 작품실 由布院 鄭東珠 作品室

공상의 숲 아르테지오와 함께 산소무라타가 퍼블릭 스페이스로 개관한 미술관이었으나 현재는 정동주 작가의 개인 미술관으로 운영되고 있다.

오이타현 출신의 재일한국인 2세 정동주 작가는 유화, 아크릴화, 서예 등 다양한 방식으로 독자적인 세계를 표현하고 있으며, 작품 중에는 한글도 자주 보인다. 도쿄 에르메스 본사, 주일본 대한민국 대사관 등에 그의 작품이 전시되어 있으며, 일본 신앙의 중심인 이세신궁에도 두 번이나 헌납되었다.

정재계 주요 인사들만 볼 수 있는 작품들을 유후인에서도 볼 수 있다는 것은 특별한 경험이며, 딸과 함께 직접 방문객에게 작품 설명을 해주기도 한다. 한국어도 가능하다.

📍 由布市湯布院町川上1267-7
☎ 080-5284-3222
🕐 10:00~17:00 / 수, 목요일 휴관
📷 @gallery_yufuin_chung_dongjoo

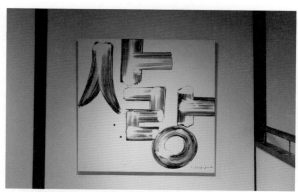

사기리다이 狹霧台

유후인에서 벳푸로 넘어가는 고개에 위치한 전망대로 약 680미터 의 높이에서 유후인 분지를 내려다 볼 수 있다. 유후다케를 중심으로 계절에 따라 다른 풍경도 아름다우며, 특히 겨울철 이른 아침이면 긴린코 호수를 비롯해 유후인 분지 전체를 감싸는 안개에 뒤덮인 모습이 환상적이다. 전망대의 이름도 안개의 전망대라는 뜻이며, 안개가 짙은 날은 안개의 바다를 뜻하는 운해까지도 볼 수 있다. 도보나 대중교통으로 이동은 어려우며, 렌터카 여행 또는 투어 버스를 이용해야 방문할 수 있다.

📍 유후인역에서 차로 약 15분

잊을 수 없는 유후인의 또 다른 맛

(Restaurant)

미나미노카제 南の風

후쿠오카 출신의 기타리스트였던 이곳의 초대 사장은 카메노이벳
소 료칸의 대표를 주축으로 1975년 시작한 유후인 음악제를 돕다
가 자연스레 유후인에 정착하게 되었다. 당시 유후인의 음식점은
향토음식점이 대부분이었기 때문에 양식을 먹고 싶어하는 사람들
을 위해 유후인역 바로 뒤쪽에서 이탈리안 레스토랑을 시작했다.
이탈리아 시골집을 닮은 레스토랑답게 언제 먹어도 부담 없는 소
박한 느낌의 이탈리아 가정식을 메뉴로 한다.
유후인 치즈 공방에서 만든 치즈와 계약 농가에서 재배된 채소 등
현지의 식재료를 이용하며, 쌀가루를 섞어 쫄깃한 식감이 매력적
인 빵도 매일 직접 굽는다. 파스타는 추가 요금을 내면 수타 뇨끼 또
는 네 가지 종류의 생면으로 변경할 수 있고, 단품 외에도 음료, 샐
러드, 디저트가 함께 나오는 런치 세트, 메인 요리가 추가되는 이탈
리아 코스 등이 있다.

📍 由布市湯布院町川上3616
☎ 0977-84-5301
🕙 10:00~22:00 / 화요일 정기휴무
💴 파스타 런치 세트 1,980엔~,
　피자 1,600엔~, 런치코스 3,850엔~

유후마부시 신 由布まぶし心

유후인에서 가장 인기 있는 음식점 중 하나로 유후인역 앞과 긴린코 호수 바로 옆에 매장이 있다. 두 곳 모두 영업 시작 전부터 긴 줄을 선다. 나고야에서 유래된 장어덮밥 히쓰마부시가 대표 메뉴로 한 번은 그대로 먹고, 다음에는 파와 김과 와사비를 곁들여 먹고, 마지막은 차를 부어서 먹는다.

장어 외에도 소고기, 닭고기 메뉴가 있으며 보온성과 보습성이 뛰어난 도나베(土鍋, 도기밥솥)에 나오는 것도 특징이다. 소고기덮밥은 오이타 지역의 명물 분고규(豊後牛)를 이용하며, 닭고기덮밥은 유후인산 지도리(地鶏)를 사용하는 등 지역의 식재료를 적극적으로 활용한다. 일본 음식점답지 않게 밑반찬이 잘 나오고 산촌, 유자후추(유후인은 유자가 유명하다), 매운 된장, 와사비, 소고기 양념, 간장 등 다양한 소스가 구비되어 있다. 테이크아웃도 가능하다.

테이크아웃을 하면 대기줄 없이 바로 주문 가능하며 매장 내 혼잡도에 따라 10~30분 정도 후에 받을 수 있다. 매장 내 식사 메뉴와 동일한 요금이지만 반찬이 제공되지 않는 대신 밥과 고기의 양이 조금 더 많다.

긴린코호수 본점 由布まぶし心 金鱗湖本店
- 由布市湯布院町川上1492-1
- ☎ 0977-85-7880
- ⏱ 10:30~18:30

유후인역 앞 지점 由布まぶし心 駅前支店
- 由布市湯布院町川北5-3 2F
- ☎ 0977-84-5825
- ⏱ 11:00~16:00, 17:30~21:00
- 💴 소고기덮밥 2,850엔,
  닭고기덮밥 2,650엔,
  장어덮밥 2,850엔(현금만 가능)

우나기노 아구라 うなぎのあぐら

유후인의 음식점 중 노포로 손꼽히는 장어요리 전문 식당. 1979년
문을 열었다. 규슈 지역에서 시기별로 엄선한 장어는 간사이 스타
일로 조리한다. 장어를 익히는 과정 없이 직화로 굽는 오사카 중심
의 조리법으로, 장어를 살짝 익힌 후 굽는 도쿄 중심의 간토 스타일
과는 차이가 있다. 간사이 스타일은 굽는 기술이 매우 중요하며, 겉
은 바삭거리고 속은 부드럽게 구워져 농후한 장어의 풍미를 즐길
수 있다.

장어요리 외에도 유후인과 오이타의 향토 요리인 닭고기튀김 '도
리텐'과 수제비 된장국인 '단고지루'를 맛볼 수 있으며, 유후인 계약
농가의 쌀로 지은 밥도 맛이 좋다.

📍 由布市湯布院町川上3056-26
☎ 0977-84-3494
🕐 11:00~ (부정기 점심만 운영)
　 화요일 정기휴일
💴 장어덮밥 1,980엔~,
　 닭고기튀김 정식 1,390엔,
　 닭고기 우동 1,020엔

요모야마 四方山

일본 고민가에서 쉽게 볼 수 있는 난방 및 조리도구인 이로리에서 숯불로 구운 닭고기 요리를 먹을 수 있는 곳이다. 우리나라에서 군계라 불리는 '샤모'를 이용하는데, 크고 근육이 많아 일반 닭과는 다른 식감과 맛을 느낄 수 있다. 특제 양념 소스와 강한 화력의 좋은 숯은 매일 아침 직접 손질한 닭고기의 맛을 한층 높여준다. 넓은 화로에 닭고기는 물론 한쪽에 나베 요리도 추가할 수 있으며, 런치 메뉴는 20~30% 저렴하다.

📍 由布市湯布院町川上1524-1
　(유노히라요코초 내)

☎ 0977-85-8581

🕐 11:00~20:00 (런치 메뉴 15시까지),
　11:00~15:00 (수요일)
　목요일 정기휴무

💴 런치 화로구이 세트 1,680엔~,
　군계 화로구이 세트 2,380엔~

184

📍 由布市湯布院町川上1561
☎ 0977-84-3011
🕐 07:30~09:00, 11:00~14:30
    화요일 정기휴무
💴 아침 1,320엔, 점심 1,500엔~

란푸샤 洋灯舎

유후인의 상징 긴린코 호숫가에 있는 서양식 건물의 경양식 레스
토랑. 유후인에서 풍경이 가장 좋은 음식점으로 호수를 바라보며
식사를 할 수 있다. 이른 아침부터 영업하기 때문에 방문 시간대에
따라 호수의 다른 풍경을 즐길 수도 있다. 유후인의 숙소는 대부분
조식을 포함하지만, 만약 포함되어 있지 않다면 가장 추천하는 식
당이다. 아침은 주로 오믈렛과 샐러드 등 단일 메뉴이며, 점심은 함
박스테이크, 새우튀김, 오므라이스, 스테이크 등 다양하다. 가장 인
기 있는 것은 육즙 가득한 함박스테이크로 일본식 소스, 데미그라
스 소스, 토마토 소스 중 선택할 수 있으며 치즈 토핑을 더할 수도
있다.

와사쿠 七厘焼き 和作

흙으로 만든 화로 '시치린(七輪)'을 이용하는 본격 숯불구이 전문점
이다. 엄선된 오이타현의 흑모 와규인 분고규를 이용하며 등심,
갈비, 소 혀, 안창살 등 다양한 부위의 야키니쿠를 맛볼 수 있다.
바사시(말고기 회), 유후인산 닭 샤모를 활용한 메뉴도 마련되어 있
다. 2시간 동안 무제한으로 술을 마실 수 있는 노미호다이가 있으
며 자정까지 영업하기 때문에 료칸에서 식사한 후 야식이나 2차
로 가기 좋은 곳이다. 참고로 일본의 야키니쿠집에서는 고기 기름
이 떨어져 화로에서 불이 올라오면 주로 얼음을 이용해 불길을 잡
는다.
최근 외국인 관광객의 식사는 완전 예약제로 변경되었으며 3일 전
까지 공식홈페이지에서 예약할 수 있다. 노쇼에 대응하기 위해 예
약 시 숙박시설(호텔이나 료칸) 정보를 입력해야 한다.

📍 由布市湯布院町川上3064-4
☎ 0977-85-2848
🕐 17:00~22:30 / 목요일 정기휴무
💴 3,000엔~
🌐 https://www.yufuin-wasaku.com

원조 분고니쿠지루 우동 元祖豊後肉汁うどん

유후인 지역 특산품 분고 돼지고기를 베이스로 하는 진한 국물의
우동 전문점. 자판기에서 티켓을 구입해 대기하다가 식권 번호를
부르면 음식을 받는 셀프서비스로 운영된다. 한글 안내도 잘 되어
있다. 오리지널 메뉴는 일반 우동과 다르게 고기 국물에 면을 찍어
먹는 츠케멘 스타일의 우동. 매운맛의 탄탄면, 카레라이스 등의 메
뉴도 있다. 여름에는 유후인 명물 카보스(유자 및 라임과 비슷한 오이타
현의 특산품) 슬라이스가 잔뜩 올라간 카보스 우동도 인기다.

- 由布市湯布院町川上1098-1
- 0977-85-7248
- 10:00~18:00
- ¥ 1,000엔~

산쇼카레우동 기쿠스케 山椒カレーうどん 菊すけ

상점가 북쪽 언덕, 청탕으로 유명한 야스하 료칸 근처에 자리한 카레우동 전문점. 다랑어포를 베이스로 하여 고치현의 산초로 독특한 카레 맛을 낸다. 현지인 특히 음식점을 운영하는 사람들이 추천하는 맛집이다. 카레는 산초가 들어간 매운맛(赤, 아카)과 캐슈넛을 베이스로 하는 순한맛(白, 시로)이 있고, 면은 아소와 홋카이도산 소맥분을 이용한 자가제면이다. 유후인에서 생산한 제철 채소를 활용한 메뉴도 있고 여름에는 냉카레우동도 인기이다. 가파른 언덕길을 올라야 하므로 걷기보다는 택시로 이동하는 것을 추천한다. 기쿠스케에서 조금 더 안쪽으로 올라가면 유후인 3대 료칸 중 하나인 산소무라타가 운영하는 공상의 숲 아르테지오와 정동주 작품실 등 볼거리가 있으니 식사 후에 둘러보는 것도 좋다.

📍 由布市湯布院町川上1269-36
☎ 0977-85-5262
🕐 11:00~15:00 / 수요일 정기휴무
¥ 1,000엔~

이즈미소바 古式手打そば泉

전통 방식으로 메밀을 갈고 수타로 직접 면을 뽑는 소바 전문점으로 긴린코 호수 바로 옆에 있다. 실내와 야외 테라스석을 이용하며, 야외 테라스석에서는 호수를 바라보며 식사가 가능하다. 가장 인기 있는 메뉴는 판 메밀인 세이로 소바. 갈은 무가 곁들여진 오로시 소바, 걸죽한 마가 들어간 야마가케 소바도 맛볼 수 있다. 단품 메뉴로는 메밀가루 반죽으로 만든 경단과 비슷한 소바가키, 유자 맛이 더해진 유즈이나리 등이 있다. 세이로 소바는 두 판이 기본으로 나오며 쯔유에 면을 찍어 먹는다. 식사가 끝날 때쯤 소바를 삶은 물인 소바유가 나오는데 그대로 먹어도 되고 남은 쯔유와 함께 먹어도 된다.

📍 由布市湯布院町川上1599-1
☎ 0977-85-2283
🕐 11:00~15:00 (월~금),
　　11:00~17:00 (토, 일, 공휴일)
💴 1,200엔~

후쇼안 不生庵

유후인 3대 료칸 중 하나인 산소무라타에서 운영하는 소바집이다. 이곳 건물 역시 100년 전에 지어진 가옥을 옮겨와 복원한 것으로 날씨가 맑은 날에는 유후인 분지를 내려다보며 식사할 수 있다. 대표 메뉴는 흑돼지 차슈가 들어간 따뜻한 소바. 쯔유에 찍어먹는 자루소바도 인기가 있다. 최고급 료칸에서 운영하지만 소박한 메뉴 구성과 합리적인 가격이 돋보인다. 다만 상점가에서 도보로 이동이 쉽지는 않다.

📍 由布市湯布院町川上1266-18
☎ 0977-85-2210
🕐 11:00~14:30 / 월, 화 정기휴무
💴 1,000엔~

유노타케안 湯の岳庵

카메노이벳소에서 운영하는 식당. 숙박객이 아니어도 이용 가능하다. 최고급 료칸의 음식을 맛볼 수 있으며, 테이블 간격이 넓고 예스러우면서 고급스러운 실내 분위기도 좋다. 유후인의 식재료를 활용한 향토 요리, 소바, 스테이크, 숯불닭고기 등 메뉴 구성이 다양하며 우리나라 여행객들에게 가장 인기 있는 메뉴는 장어덮밥이다. 사전 예약은 받지 않고 당일 현장 예약은 가능하다. 예약 후 긴린코 호수를 둘러보며 시간을 보내면 된다.

📍 由布市湯布院町川上2633-1
☎ 0977-84-2970
🕐 11:00~22:00 (런치 메뉴 15시까지)
💴 런치 2,500엔~, 장어덮밥 4,000엔~

하나미즈키 花水木

꽃, 물, 나무라는 예쁜 이름의 향토요리 가정식당. 유후인역에서 도보 1분 거리에 있다는 훌륭한 접근성과 합리적인 가격, 친절함이 매력적인 곳이다. 노부부와 주민들이 운영하기 때문에 음식이 다소 늦게 나오는 경우도 있지만 자극적이지 않은 음식과 정감 있는 분위기로 인기가 많다. 오이타의 명물 단고지루 정식, 닭튀김 도리텐 정식, 함박스테이크 정식 등이 있다.

📍 由布市湯布院町川北5-2
☎ 0977-85-3845
🕐 09:00~18:00 (월~금)
　 09:00~20:00 (토, 일, 공휴일)
💴 1,000엔~

코지코지 이태리점 coji coji 伊料理店

코로나 기간에 유후인 상점가에서 다소 떨어진 곳에 문을 연 곳으로, 대부분의 음식점이 어렵던 시기에 훌륭한 맛과 친절한 서비스로 알음알음 사람들이 찾으며 유후인의 인기 맛집이 되었다. 100퍼센트 예약제로 운영되는 이탈리안 레스토랑으로 정해진 메뉴는 없다. 매일 셰프가 직접 고른 신선한 식재료를 이용해 오마카세 코스로 제공되며, 와인 역시 별도의 리스트 없이 메뉴에 따라 추천 와인을 판매한다. 코스 메뉴에는 일본 스타일이 가미된 퓨전 요리도 있어서 가이세키 요리와 비슷해 보이기도 한다. 런치는 5천 엔, 디너는 1만 엔 정도로 유후인에서 가장 비싼 음식점이지만 코스 구성은 그 이상의 가치를 느낄 수 있다. 셰프 혼자 요리부터 서빙까지 직접하기 때문에 식사 소요 시간은 2시간에서 2시간 반 정도 걸린다. 일본어를 못하면 음식 설명을 듣지 못하기 때문에 다소 불편할 수 있으며, 예약은 전화 또는 인스타 DM을 통해 할 수 있다. 10명 전후의 예약 인원에 맞춰 음식을 준비하기 때문에 되도록 취소 및 노쇼는 삼가도록 한다. 식사는 성인 기준이므로 10~15세의 자녀와 함께 여행한다면 어린이 메뉴를 따로 요청하는 것을 추천한다.

📍 由布市湯布院町川上2546-6
☎ 0977-75-9786
🕐 12:00~14:00, 18:00~20:00
　(완전 예약제)
📷 @cojicoji.yufuin

유후인 산쇼로 ゆふいん 山椒郎

료칸 소안 코스모스의 요리사로서 유후인 료칸의 음식 문화에 변화를 가져온 신에 켄이치가 운영하는 식당이다. 그가 1996년 유후인에 처음 올 때만 해도 유후인 료칸의 음식은 정통 가이세키 요리보다는 산채 요리에 가까웠다. 그러나 도쿄와 오사카의 고급 요정에서 수련했던 신에 켄이치는 인근 료칸의 요리사들과 유후인 요리연구회를 결성, 유후인과 근교의 식재료를 이용한 가이세키 요리를 연구했고 특히 육류보다는 채소 본연의 맛을 살리면서 써는 법, 삶는 법, 찌는 법 등 기술적인 부분도 신경을 썼다.

신에 켄이치가 소안 코스모스를 그만 두고 문을 연 산쇼로는 그의 요리 철학을 고스란히 담은 곳이다. 저녁은 정해진 메뉴 없이 그날 그날 최선의 재료를 활용해 만드는 오마카세 코스이다. 런치에는 나무 상자에 담겨 나오는 아와세바코가 있으며 해산물(우미), 스테이크(야마) 두 가지가 있다. 이 외에도 스테이크 런치 등의 메뉴가 있다. 2018년 미슐랭 더 플레이트에 선정되기도 했다.

- 📍 由布市湯布院町川上2850-5
- ☎ 0977-84-5315
- 🕐 11:00~15:00, 18:00~22:00
  화, 수 정기휴무
- 💰 아와세바코 2,500엔,
  스테이크 런치 3,630엔,
  디너 오마카세 7,700엔~

잊을 수 없는 유후인의 또 다른 맛

(**Dessert & Cafe**)

유후인 문학의숲 ゆふいん文学の森

《인간실격》이란 작품으로 유명한 소설가 다자이 오사무가 살던 도쿄의 주택이 지역 재개발로 철거될 위기에 처하자 니혼노아시타바 료칸 사장이 건물을 이곳으로 옮겨와 카페와 함께 다자이 오사무 자료관으로 사용하고 있다. 정원을 둘러싼 'ㄷ'자 모양의 카페는 오래된 가정집 분위기로, 책을 읽으며 조용히 쉬기 좋다. 커피나 홍차뿐만 아니라 우동과 카레 등 간단한 식사 메뉴도 준비되어 있다. 2층에는 다자이 오사무가 거주하며 작품 활동을 하던 공간을 재현했고 창밖 풍경도 아름답다. 가파른 언덕에 있고 유후인역이나 상점가로부터 멀리 떨어져 있어서 렌터카 이용객이 아니면 방문하기 어려운 곳이다. 옆에 있는 공상의 숲 미술관도 함께 들러보자.

📍 由布市湯布院町川北1354-26
☎ 0977-76-8171
🕙 10:00~17:00 / 월 1회 부정기 휴무
   (인스타그램 공지)
💴 음료 550엔~, 식사 950엔~
📷 @bungaku_mori

비스피크 B-speak

유후인 상점가가 시작되는 곳에 위치한 이곳은 유후인에서 가장 인기 있는 롤케익 전문점이다. 유후인 3대 료칸인 산소무라타에서 운영하며 1999년 오픈과 동시에 유후인의 대표 디저트가 되었다. 일본 전역에 부드러운 크림의 롤케익이 유행하는 데 선구적인 역할을 했다. 점심시간 전후로 매진되는 경우가 흔하니 서두르자. 만약 상점가의 매장에서 매진이 되었다면, 산소무라타의 탄즈바에 재고가 있을 수 있고 렌터카를 이용한다면 유후인과 벳푸 사이에 위치한 휴게소 벳푸만 서비스에리어 내의 비스피크 카페에서 구입하는 방법도 있다. 대표 메뉴는 P롤 플레인과 P롤 초코이며, 치즈쿠키와 비스킷도 있다.

📍 由布市湯布院町川上3040-2
☎ 0977-28-2166
🕙 10:00~17:00
💴 1,500엔~ (P롤 플레인은 매장에서만 판매 1,620엔)

티룸 니콜 Nicol

유후인 3대 료칸 타마노유의 카페로 저녁에는 카페 옆 공간이 니콜스 바로 운영된다. 상점가에서 작은 개천을 건너 타마노유 입구에 도착하면 큰 나무로 둘러싸인 정원이 시작되는데, 입구로 가기 전 왼쪽의 통유리로 된 건물이 바로 티룸 니콜이다. 숙박객이 아니어도 부담 없이 이용 가능한 이곳은 매일 한정수량만 판매하는 애플파이가 가장 인기다. 다자이후의 유명 커피 전문점에서 들여온 원두 3종과 골든빈즈를 블렌드한 커피, 스리랑카의 딤브라 홍차 잎을 사용한 티도 좋은 반응을 얻고 있다.

📍 由布市湯布院町川上2731-1
☎ 0977-85-2160
🕐 11:00~15:00
¥ 커피 650엔~, 애플파이 680엔

금상고로케 金賞コロッケ

유후인 상점가에서 가장 인기 있는 간식 중 하나이다. 1987년 히로시마에서 열린 식육산업 박람회에서 고로케 부문 금상을 받은 것이 NHK 방송을 통해 알려진 것이 금상고로케의 시작이다. 그러나 현재 대회 관련 자료는 남아 있지 않고 2013년 일본고로케협회에서 매년 선정하는 그랑프리에서는 금상고로케의 이름을 찾아볼 수 없다. 언제 적 금상이냐에 대한 의문을 품는 사람도 있지만, 한 개에 200엔 미만의 부담 없는 가격과 맥주나 음료도 함께 팔기 때문에 변함없는 인기를 누리고 있다.

금상고로케 본점 金賞コロッケ 本店
- 由布市湯布院町川上1481-7
- ☎ 0977-85-3053
- ⏱ 09:00~18:00

금상고로케 2호점 湯布院金賞コロッケ 2号店
- 由布市湯布院町川上1079-8
- ☎ 0977-28-8691
- ⏱ 09:00~18:00

그랜파 그랜마 *グランパ&グランマ*

도예가 부부가 20년 넘게 운영하고 있는 빵집 겸 카페이다. 공간은 넓지 않지만 조용한 시골 풍경을 바라보며 시간을 보내기 좋다. 상점가에서 조금 떨어져 있어서 예전부터 가이드들이 단체 관광객이 유후인 상점가에서 자유시간을 보낼 때 조용히 쉬던 곳이기도 하다. 가장 인기 있는 시나몬롤을 비롯해 전체적으로 빵 맛이 훌륭해서 인근 고급 료칸에서 조식으로 이곳의 빵을 내기도 하며, JR큐슈의 최고급 관광열차인 나나츠보시in큐슈 식사에도 제공되었다. 영업 마감 30분 전에는 모든 빵을 100엔에 판매하기도 한다.

📍 由布市湯布院町川上2794-2
☎ 0977-85-5456
🕐 08:00~17:00 / 목요일 정기휴무
📷 @grandma.grandpa_yufuin

미르히 ミルヒ

유후인 상점가 빨간 우체통 옆 디저트 가게 미르히는 푸딩과 치즈케이크, 도넛이 인기다. 독일어로 우유를 뜻하는 미르히의 대표 메뉴 카제쿠헨 역시 '독일어로 치크케이크를 뜻한다. 대부분의 치즈케이크는 차갑게 판매하지만 이곳은 방금 만든 따뜻한 치즈케이크도 맛볼 수 있으며, 예쁜 병에 담아서 파는 푸딩은 상점가를 산책하며 먹기 좋다. 상점가와 역 주변에 두 곳의 매장이 있으며, 역 앞의 매장은 카페로 운영되어 편하게 앉아서 먹을 수 있다. 상점가의 본점에서는 테이크아웃만 가능하다.

유후인 미르히 본점 由布院ミルヒ本店
📍 由布市湯布院町川上3015-1
☎ 0977-28-2800
🕐 10:30~17:30

유후인 미르히 도넛&카페
由布院ミルヒドーナツ&カフェ
📍 由布市湯布院町川北井出ノ口5-26
☎ 0977-85-3636 (FAX 85-2727)
🕐 10:00~17:00
💴 치즈케이크 240엔, 푸딩 330엔

유후인 하니포테 由布院はにぽて

항아리에 구운 오무타산 고구마를 이용한 디저트 전문점. 일본 전
국 군고구마 그랑프리에 참가한 적도 있다. 유후인 상점가에 비교
적 새롭게 생긴 곳으로 대표 메뉴는 군고구마 위에 설탕과 커스터드
크림을 뿌린 후 토치로 구운 크렘브륄레. 아이스크림을 올려 먹기
도 한다. 고구마 셰이크와 파르페도 인기 메뉴다. 2020년 문을 열 당
시에는 포테하니였지만 2023년 7월 하니포테로 이름을 바꿨다.

📍 由布市湯布院町川上2989-9
☎ 0977-75-9834
🕐 10:00~17:00
📷 @yufuin_pote_hani

긴노이로도리 銀の彩

유후인역 앞에 자리한 스위츠&케이크 전문점으로 매장 내에 아기
자기한 소품도 판매하고 있다. 스위츠 메뉴는 바삭바삭한 긴 빵에
크림이 들어간 크림봉으로 인절미, 딸기, 초콜릿 맛 등이 있다. 유후
인의 료칸 중에는 기념일 케이크를 주문할 수 있는 곳이 많은데, 많
은 료칸이 이곳의 케이크를 이용하고 있다. 개별 구입도 가능하며,
기념일 메시지를 요청할 수 있다.

📍 由布市湯布院町川上2935-3
☎ 0977-76-5783
🕐 11:00~17:00 (수, 목)
　 11:00~18:00(금~일)
　 월, 화 정기휴무

스누피차야 SNOOPY茶屋

2014년 스누피 카페가 세계 최초로 유후인에 들어서면서 큰 화제가 되었다. 이후 교토, 오타루, 가루이자와, 이세에도 생겼다. 유후인 매장은 2021년 확장 이전하면서 카페와 레스토랑, 기념품숍, 초콜릿숍으로 세분화되었다. 스누피와 찰리브라운 등 일본 전통과 조화를 이룬 PEANUTS 캐릭터들과 유후인에서만 구입 가능한 한정 제품들도 만날 수 있다. 우드스톡 카레, 스누피 마시멜로가 올라간 커피 등 식사와 디저트, 음료에도 귀여운 캐릭터 디자인이 빠지지 않는다.

📍 由布市湯布院町川上1540-2
☎ 0977-75-8780
🕐 10:00~17:00 (카페, 레스토랑)
　　09:30~17:00 (기념품숍, 초콜릿숍)
💰 식사 1,500엔~, 디저트 650엔~

미피 모리노키친 みっふぃー森のキッチン

스누피차야 옆에는 네덜란드의 토끼 캐릭터 미피 전문점도 있다. 미피가 새겨진 예쁜 빵과 디저트, 음료를 판매하며 2층에는 어린이를 위한 놀이 공간과 포토존, 쉴 수 있는 공간이 있다. 기념품숍에서는 유후인 한정 미피 캐릭터 제품을 주로 판매하며, 다양한 종류의 나무젓가락은 각인 서비스를 제공해 선물용으로도 좋다.

📍 由布市湯布院町川上ソノ田1503-8
☎ 0977-76-5960
🕐 09:30~17:30
💰 캐릭터 빵 300엔~, 음료 400엔~

쿠쿠치 鞠智くくち

고민가를 이축한 예스러운 건물은 크게 유후다케가 보이는 평온한 정원이 있는 카페, 일본 전통과 현대적 감성이 더해진 디저트 전문점, 소바를 먹을 수 있는 식당으로 구분된다. 디저트 중 가장 인기 있는 것은 팬케이크에 팥이 들어간 도라야키. 계절마다 바뀌는 제철 과일에 밤 크림을 얹은 몽블랑 도라야키도 추천한다. 카페에서도 도라야키와 음료를 세트로 판매한다.

📍 由布市湯布院町川上3001-1
☎ 77-85-4555
🕐 10:00~17:00
💴 도라야키 200엔~,
　 몽블랑 도라야키 1200엔~
📷 @cucuchi.official

카페 라르슈 CAFE LA RUCHE

샤갈 카페로도 알려진 카페 라르슈는 유후인에서 풍경이 아름다운 카페로 유명하다. 1층은 베이커리 겸 카페, 2층은 갤러리로 운영된다. 호수 뷰가 멋진 1층 카페는 갓 구운 빵을 비롯해 모닝 플레이트, 런치 세트가 마련되어 있어 간단한 식사를 하기에 좋다. 2층 갤러리는 기본적으로 샤갈의 작품을 전시하되 시기에 따라 다양한 기획전과 작가전이 열린다.

📍 由布市湯布院町川上1592-1
☎ 0977-28-8500
🕐 09:00~16:30 / 수요일 정기휴무
💴 카페 600엔~, 식사 1,500엔~
📷 @yufuin_cafelaruche

비허니 BeeHoney

벌꿀 전문점. 귀여운 꿀벌 그림이 그려진 유럽풍 건물은 상점가의 랜드마크 중 하나다. 매장에는 천사의 나라에서 온 벌꿀 이야기가 전시되어 있으나 병꽃나무 꽃과 엉겅퀴에서 채취한 오이타현의 꿀을 주로 판매한다. 다양한 꿀 관련 제품뿐만 아니라 벌집이 들어간 아이스크림도 판매한다.

📍 由布市湯布院町川上1481-1
☎ 0977-85-2733
🕐 10:30~11:30, 12:30~16:00
💴 아이스크림 450엔,
　　벌집 아이스크림 800엔

유후인에서 발견한 아이템

(**Shop**)

블루발렌 Blue Ballen

그리스 산토리니 혹은 스페인의 하얀 마을이 떠
오르는 외관이 인상적인 잡화점이다. 유후인과
우스키, 오이타 등지에서 주로 활동하는 예술가
부부가 직접 만드는 소품은 자연의 향기와 소재
의 아름다움을 표현한다. 나무 소재를 활용한 잡
화가 많고 하얀색, 파란색, 빨간색을 주로 사용하
는데, 흰색은 자유, 파랑은 자기자신, 빨강은 정
열을 뜻한다.

📍 由布市湯布院町川上1510-7
☎ 0977-84-4968
🕙 10:00~18:00

아틀리에 토키 アトリエとき

상점가 옆을 흐르는 작은 개천 건너편의 작은 숲에 아틀리에 토키가 있다. 목공 디자이너 토키마츠 타쓰오(時松辰夫, 1937~2008)가 1991년 이곳에 공방을 열고 젊은 작가들을 지도하며 작품활동을 시작했다. 오이타현의 나무를 이용해서 만든 그릇, 컵, 쟁반 등은 JR큐슈의 최고급 열차인 나나츠보시in큐슈, 고급 료칸 등에서 사용하고 있으며, 기념품으로도 인기가 많다.

📍 由布市湯布院町川上2666-1
☎ 080-9108-5387
🕐 10:00~17:00 / 목요일 정기휴무

카기야 鍵屋

카메노이벳소에서 운영하는 잡화점으로 150년 전 에도시대 말기의 주조장 건물을 이축했다. 료칸 가문에 대를 이어 전해지는 떡의 일종인 '오하기'와 료칸에서 사용하는 그릇과 잔 같은 소품을 판매한다. 유후인의 명물인 유자 껍질과 고추를 섞어 만든 조미료 유즈코쇼는 다양한 요리에 활용할 수 있어 여행 선물이나 기념품으로 인기가 있다.

📍 由布市湯布院町川上2633-1
☎ 0977-85-3301
🕘 09:00~19:00

캐릭터숍

오래 전 유후인 상점가에는 현지 작가들의 공방이나 갤러리가 많이 있었지만 관광객들이 몰리기 시작하면서 외곽으로 이전하고, 그 자리에 캐릭터 상점이 들어섰다. 미야자키 하야오 감독의 애니메이션을 테마로 한 돈구리노모리, 헬로키티와 쿠로미 등의 캐릭터가 있는 산리오야, 미피와 스누피 캐릭터숍이 대표적이다. 이들은 일본의 다른 관광지에서도 쉽게 찾아볼 수 있지만 유후인 한정 캐릭터를 판매하고 있어 많은 사람들이 방문한다. 유명한 캐릭터 상품이 있는 숍은 아니지만 상점가에서 오랫동안 자리를 지킨 이누야시키와 네코야시키는 각각 강아지와 고양이를 주제로 한다. '이누'는 강아지, '네코'는 고양이이다.

돈구리노모리 どんぐりの森
- 📍 由布市湯布院町川上3019-1
- ☎ 0977-85-4785
- 🕐 10:00~17:00 (평일), 09:30~17:30 (토, 일, 공휴일)

산리오야 さんりお屋
- 📍 由布市湯布院町川上3010-1
- ☎ 0977-28-8302
- 🕐 09:00~17:00 (평일), 09:00~17:30 (토, 일, 공휴일)

이누야시키 犬家敷
- 📍 由布市湯布院町川上1511-4
- ☎ 0977-28-8555
- 🕐 09:00~17:00

네코야시키 猫家敷
- 📍 由布市湯布院町川上1511-5
- ☎ 0977-28-8888
- 🕐 09:30~17:00

유후인 오르골의 숲
由布院オルゴールの森

통나무집 외관이 돋보인다. 마당에는 노란색 올
드카가 서 있다. 1층은 유리공예 전문점, 2층은
오르골 전문점으로 운영된다. 유후인의 풍경을
묘사한 아기자기한 유리 공예품과 개성 있는 악
세서리, 원하는 노래와 디자인으로 만드는 맞춤
오르골 등을 구입할 수 있다.

📍 由布市湯布院町川上1477-1
☎ 0977-85-5085
🕐 10:00~17:30(평일), 09:30~17:30(토, 일, 공휴일)

크래프트관 하치노스
クラフト館 蜂の巣

전면이 유리로 된 12각형의 독특한 건물은 호수에 비친 달을 진주로 표현한 중국의 시구에서 영감을 받아 긴린코 호수를 연결지어 '월점파심(月點波心)'이라 이름 지었다. 1층은 나무 소재의 인테리어 소품이나 생활용품을 판매하고 있으며 2층은 카페로 이용된다.

📍 由布市湯布院町川上1507
☎ 0977-84-5850
🕐 09:30~17:30 / 수요일 정기휴무

유후인에 처음 간다면 알아야 할 것들

항공편 예약하기

후쿠오카 공항이나 오이타 공항을 이용한다. 일정에 따라 후
쿠오카 IN, 오이타 OUT 또는 반대로 이용할 수 있다. 이용하
는 항공 스케줄에 따라 료칸 여행의 일정도 달라지며 경우에
따라서 료칸 여행이 힘들거나 불가능하기도 하므로 항공권을
예약하기 전에 반드시 일정을 확인한다.

후쿠오카 공항 이용하기

여행 첫날 료칸에서 숙박하려면 최소한 오후 2시 이전에는 공
항에 도착해야 한다. 되도록 12시 전에 도착하는 항공편을 이
용하자. 유후인으로 이동 시에는 버스를 이용한다. 약 1시간
50분 정도 소요된다. 공항에서 택시를 이용할 경우에는 일반
택시 기준 약 35,000~40,000엔(약 30~35만원)이 나온다.
여행 마지막 날 유후인 료칸에서 숙박할 예정이라면, 귀국 항
공편은 오후 2시 이후에 출발하는 것이 좋다. 수속 시간을 고
려했을 때 공항으로 가는 버스의 첫차(8:00 출발, 9:47 도착)를 이
용해야 오후 2시 비행기를 탈 수 있다. 특히 후쿠오카 공항의
항공사 체크인 카운터는 통상 출발 1시간 전에 수속을 마감하
니 일정을 넉넉하게 잡는 편을 추천한다.

후쿠오카 공항 - 유후인

버스운행회사: 니시테츠, 히타버스, 케메노이버스
운행 편수: 하루 14~18편 (왕복)
소요 시간: 1시간 50분

요금: 3,250엔(약 30,000원) / 인터넷 예약 가능
노선: 하카타역 버스센터, 텐진역 버스센터에서 출발한
버스가 후쿠오카 공항 국제선 터미널을 경유하여 유후인
으로 이동

오이타 공항 - 유후인

버스운행회사: 오이타 교통
운행 편수: 하루 6편 (왕복)
소요 시간: 55분
요금: 2,000엔(약 18,000원) /
사전 예약 불가

오이타 공항 이용하기

벳푸 시내 북쪽에 위치한 오이타 공항은 유후인에서 45킬로
미터 떨어져 있으며 후쿠오카 공항보다 가깝다. 2024년 2월
기준 취항 중인 국내 항공사는 대한항공과 제주항공뿐이어서
공항을 이용할 때도 보다 쾌적하다. 다만, 매일 취항하는 것이
아니기 때문에 일정이 제한적이다. 또 유후인으로 가는 버스
를 사전에 예약할 수 없고 만석일 경우 벳푸역으로 가서 버스
를 이용해야 하므로 후쿠오카 공항을 이용하는 것보다 불편할
수 있다.

유후인과 후쿠오카를 함께 여행하기

유후인을 여행하는 사람들의 상당수는 후쿠오카를 함께 여행
일정에 넣는 경우가 많다. 이때 유후인을 먼저 갈지, 후쿠오카
를 먼저 갈지 고민하게 되는데, 이 역시 항공 스케줄에 따라 달
라진다. 만약 아침 일찍 출발하고 저녁 늦게 돌아오는 일정이
라면 유후인-후쿠오카 순서로 다녀오는 편이 좋다. 마지막 날
유후인에서 숙박할 경우 짐을 들고 후쿠오카 시내를 돌아다녀
야 하는 번거로움이 있기 때문이다. 코인라커에 짐을 보관할
수도 있지만 후쿠오카 시내의 코인라커는 대부분 오전 중에
다 차는 편이며, 짐을 맡기기 위해 긴 줄을 기다려야 할 수도
있다.

료칸 예약하기

일반적으로 숙박일 기준 3~6개월 전부터 료칸 예약을 할 수 있다. 예약 가능한 시점은 료칸마다 다르다. 일반 객실, 전용 노천온천이 있는 객실, 별채 객실 등 원하는 스타일의 객실을 선택하고 싶다면 가고자 하는 료칸이 언제부터 예약을 받는지 틈틈이 확인하자.

료칸 예약 시 주의사항

1) 숙박인원은 정확하게

일본의 호텔과 료칸은 소방법에 따라 객실별로 신고한 숙박인원 이상 이용할 수 없다. 게다가 료칸은 저녁식사가 포함되어 있어서 예약 시 정확한 숙박인원을 입력해야 한다. 어린이와 유아도 마찬가지이며, 예약인원수와 실제 숙박인원수가 다른 경우 현지에서 숙박이 거부될 수 있다. 자란넷(www.jalan.net), 잇큐(一休.com) 등 일본의 호텔 및 료칸 예약 사이트나 료칸의 공식홈페이지를 통하면 조금 더 세분화해서 예약할 수 있다.

2) 어린이 및 유아 이용 시

어린이나 유아의 식사 및 침구류 사용 여부에 따라 요금이 다르며, 어린이라도 성인과 동일한 식사를 희망할 경우 성인과 동일한 요금이 부과된다.

3) 숙박요금 표기

일본의 료칸 예약사이트와 공식홈페이지에는 숙박요금이 1인당 요금으로 표시된다. 주의할 것은 이때 표시되는 1인당 요금은 2인 숙박 기준이며, 한 개의 객실을 몇 명이 이용하는지에 따라 1인당 요금이 달라진다. 유후인의 료칸은 대부분 객실 수 20개 이하의 소규모이기 때문에 2인1실을 두 개로 검색하는 것보다 4인1실 한 개로 검색하는 편이 더 많은 검색 결과를 볼 수 있고 료칸 선택의 폭도 넓어진다. 동일 객실을 여러 명이 사용할수록 1인당 요금이 조금씩 저렴해지지만 아주 큰 편은 아니다. 예를 들어 2인1실 기준 1인당 20,000엔짜리 객실을 4명이서 사용하게 되면 1인당 요금은 18,000엔 정도가 된다.

고속버스 예약하기

유후인으로 가는 고속버스 예약은 탑승일 기준 1개월 전부터 할 수 있다. 최근 유후인을 찾는 관광객이 많아지면서 예약 접수가 시작되고 1시간 내에 모든 편이 마감되니 서두르자.

하이웨이바스돗토코무 이용하기

일본의 고속버스 예약 사이트 하이웨이바스돗토코무(https://www.highwaybus.com)를 이용하면 일본어를 잘 몰라도 어렵지 않게 예약할 수 있다(한국어 제공). 예약은 버스 탑승 1개월 전 오전 8시부터 가능하며 예약 시 영문 이름, 이메일 주소, 휴대폰 번호를 입력한다. 예약 확정 후에 신용카드 결제를 하면 현지에서 티켓 수령 없이 바로 탑승할 수 있다. 현지 결제 시 버스 출발 20분 전까지 결제하지 않으면 자동으로 취소된다.

유후인 열차 여행

일본의 여객 철도는 전국에 JR 6개사와 16개의 사유철도 회사 등 무수히 많은 사업자가 있다. 그중에서도 유후인, 후쿠오카, 나가사키, 벳푸가 있는 규슈 지역의 대표적인 철도사업자 JR큐슈는 다른 어느 곳보다 관광 열차에 많은 관심을 갖고 있다. JR큐슈의 독특한 관광 열차는 D&S열차(Design & Story)라 불리며 규슈의 각 지방을 누비는 중이다.

D&S열차의 다양한 노선 가운데 가장 인기 있는 것은 D&S열차의 시초이자 우리나라 여행객들에게도 아주 잘 알려진 '유후인의 숲' 유후인노모리(ゆふいんの森)이다.

유후인의 숲으로 가는 열차, 유후인노모리

규슈를 동서로 횡단하는 열차 노선은 구마모토에서 출발해 아소산을 지나 오이타로 향하는 호히본선과 구루메에서 출발해 유후인 등을 지나 오이타로 향하는 규다이본선이 있다. 1988년 활화산인 아소산을 지나는 호히본선에 증기기관차 SL아소보이가 데뷔하며 관광열차의 가능성을 확인한 JR큐슈에서 다음으로 발표한 것이 당시 젊은 여성들에게 인기를 끌기 시작한 유후인행 관광열차이다.

'세상을 움직이는 것은 여성의 감성이다'라고 이야기하는 가라이케 코지가 이 열차의 기획을 맡았고, 그는 유후인을 방문해 당시 '유후인 마을 만들기' 프로젝트에 앞장서고 있던 료칸

타마노유와 카메노이벳소의 대표를 만나 열차의 콘셉트를 '유럽의 고원 열차'로 정했다. 그 결과 유후인 주변의 숲을 이미 지화한 녹색과 나무 소재로 내부를 인테리어하고 좌석을 다른 열차보다 높인 키하71계 유후인노모리가 탄생했다(1989년 3월 11일 첫 운행).

1999년에는 키하72계 유후인노모리 3세가 등장했다. 중간에 2세도 있었지만 현재는 은퇴했고 외관이 비슷한 1세와 3세와 달리 전혀 다른 디자인의 열차였기 때문에 대부분 유후인노모리라고 하면 키하71계와 72계를 말한다. 두 열차를 구분하는 방법은, 신형 열차 키하72계가 차체가 녹색으로만 되어 있다면 구형 키하71계는 금색 라인으로 장식이 되어 있다. 외관상 약간의 차이는 있지만 두 열차 모두 일본의 다른 열차에서는 좀처럼 느끼기 어려운 독특한 감성이 있다.

유후인노모리에는 뷔페 칸이 있어 유후인에서 생산되는 지역한정 맥주와 푸딩 등의 간식, 기념품 등을 구입할 수 있고, 예약판매를 통해 열차여행의 묘미인 유후인노모리 한정 에키벤(열차도시락)도 맛볼 수 있다.

TIP. 유후인노모리의 표기

유후인노모리는 열차 이름을 히라가나로 표기한다. 현재 유후인 행정구역인 유후인초(湯布院町)는 1955년 유후인마치(由布院町)와 유노히라무라(湯平村)가 병합되면서 유후인마치의 앞 글자 由 대신 유노히라의 湯를 쓰게 되었다. 열차 역은 그 전부터 존재했기에 유후인역은 그대로 由로 표기하지만 버스정류장은 湯를 쓴다. 두 지역이 합쳐지면서 이름 표기법에 관해 논쟁이 많았던 만큼 유후인노모리를 어떻게 표기할지 많은 고민이 있었다. 결과는 한자를 쓰지 않고 '유후인'을 히라가나로 표기했다. 유후인노모리를 줄여서 '노모리'라고 부르는 경우도 많은데 '모리'는 '숲'을 뜻하고 '노'는 관형격 조사 '~의'를 의미한다.

유후인노모리 예약하기

일본의 열차 요금은 크게 승차권과 특급권으로 구분된다. 승차권은 A역부터 B역까지 거리에 따라 부과되는 요금이며, 승차권만 구입한 경우 일반열차, 쾌속열차 등급의 열차만 탑승할 수 있다. 특급열차를 이용하기 위해서는 특급권을 추가로 구입해야 하는데, 이는 다시 지정석특급권, 자유석특급권으로 구분된다. 지정석특급권은 정해진 좌석에 앉을 수 있는 티켓이고, 자유석특급권은 지정석이 아닌 자유석 차량의 빈자리를 이용할 수 있는 티켓이다.

유후인까지 운행하는 특급열차는 특급 유후인노모리와 특급 유후 두 가지가 있는데, 특급 유후인노모리는 모든 좌석이 예약제인 지정석으로 운영되고, 특급유후는 자유석이 있어 예약 없이 선착순으로 이용할 수 있다.

따라서 유후인노모리는 사전에 예약을 해야 한다. 탑승일 기준 1개월 전 오전 10시부터 예약 가능하다. 버스보다는 예약 마감 속도가 느리지만, JR큐슈 공식홈페이지에 회원가입, 신용카드 등록 등 미리 준비해두어야 할 것이 많다. 일본어만 지원하지만 유튜브나 블로그 등에 올라온 가이드를 따라하면 어렵지 않게 예약을 완료할 수 있다. 주의할 것은 예약 후 티켓을 수령하기 위해서 사이트에 등록한 신용카드의 실물이 있어야 한다는 점이다. 삼성페이나 애플페이 등 실물카드가 없는 전자결제 시스템을 통해 예약했다면 티켓 수령이 불가하다.

스위트 트레인, 아루렛샤

JR큐슈에서 운영하는 호화열차 중 하나이다. 세계적인 철도 강국 일본에는 유럽의 오리엔탈 익스프레스 못지않은 초호화 열차 여행이 준비되어 있다. JR동일본의 트레인 스위트 시키시마나 JR큐슈의 나나츠보시in큐슈의 3박4일 일정 최고 요금이 1인당 100만엔(약 900만원)에 이른다. 엄청난 가격에도 예약 접수와 동시에 마감이 되며 추첨제로 탑승객을 선정할 정도여서 이를 경험하기란 쉽지 않다. 하지만 아루렛샤는 비교적 쉽게 이용할 수 있다. 숙박이 포함된 장기 크루즈 열차가 아닌, 유후인에서 후쿠오카 구간을 오가며 디저트를 제공하는 열차이기 때문에 요금도 저렴한 편이다.

아루렛샤는 황금색 외관과 규슈 지역의 목재를 사용해 전통 문양을 새긴 내부 인테리어가 돋보인다. 이 열차를 디자인한 일본의 산업디자이너는 유후인노모리 3세대와 나나스보시in큐슈를 디자인하기도 했다고. 화려한 내부 장식만큼 차량 내에서 제공되는 음식과 주류도 아주 훌륭하다.

세계적으로 유명한 셰프의 코스 요리가 제공되는데, 셰프가 규슈 각지의 생산지를 직접 방문해 엄선한 식재료를 이용하며 음식이 담겨 나오는 그릇과 술잔까지도 규슈 지역의 공방에서 전통 방식 그대로 이 열차만을 위해 특별히 제작했다. 음식과 페어링 할 수 있는 주류는 와인과 사케, 쇼추, 주스, 차와 커피 등 다양한데 주류 역시 규슈 지역의 와이너리나 사케 주조장에서 생산한 것을 무제한으로 제공한다.

아루렛샤는 시기에 따라 후쿠오카-유후인 노선 외에도 후쿠오카-나가사키 등으로 노선이 변경되기도 하며 요금은 통상 4만 엔 정도이다. 공식홈페이지 외에도 클룩 등의 투어/액티비티 예약 사이트를 통해서도 예약 가능하다.

2024년 데뷔, 특급 칸파치/이치로쿠

규다이본선의 새로운 D&S 열차 시리즈로 모든 좌석이 1등석(그린샤)이며 고급스러운 에키벤이 기본으로 제공되는 호화열차. 가격은 다다미실 23,000엔, 기타 좌석 18,000엔으로 높은 편이다. 열차 시설이나 서비스, 요금 등을 고려했을 때 럭셔리 열차 아루렛샤와 특급 유후인노모리의 중간 정도 포지션이다. 주 3회 왕복 운행하며, 운행 방향에 따라 이름이 바뀌는데 후쿠오카에서 유후인과 벳푸 방향으로 운행할 때(월, 수, 토)는 특급 칸파치호, 반대 방향으로 운행할 때(화, 금, 일)는 특급 이치로쿠호이다(각각의 명칭은 규다이본선이 부설될 때 중요한 역할을 한 사람들의 이름에서 가져왔다).

유후인에 처음 간다면 알아야 할 것들

칸파치/이치로쿠 열차는 총 3량으로 1호차는 2인 또는 4인이
마주보는 좌석이고, 3호차는 최대 3인까지 긴 소파에 일렬로
앉는 좌석이다. 1호차와 3호차의 가장 끝 좌석은 다다미석으
로 되어 있다.

식사는 일본식 도시락을 기본으로 하지만, 금요일은 이탈리
안, 화요일은 프렌치 스타일의 도시락이 나온다. 열차에서 가
장 눈에 띄는 공간은 매점으로 운영되는 2호차인데, 수령 250
년의 삼나무 한 판을 이용한 긴 테이블 바가 인상적이다.

충분한 관광을 즐길 수 있도록 도중에 2~3곳의 정차역이 있
으며, 정차 시간은 10~20분 내외이다. 정차 시에는 현지 주민
들이 승강장에 간이매점을 열고 탑승객들을 맞이한다. 잠깐이
지만 그 지역의 특산품을 구매하기에는 충분하며 색다른 열차
여행의 경험을 선사한다.

티켓은 일본의 대형 여행사인 JTB에서 예약 가능하다.

열차 공식 홈페이지
https://www.jrkyushu-kanpachiichiroku.jp

유후인 료칸 여행

초판 1쇄 발행 2024년 7월 5일

지은이   정태관, 장희정

주간   이동은
책임편집 김주현
편집   성스레
미술   강현희 조선영
마케팅   사공성 장기석 한은영
제작   박장혁 전우석

발행처   북커스
발행인   정의선
이사   전수현

출판등록 2018년 5월 16일 제406-2018-000054호
주소   서울시 종로구 평창30길 10
전화   02-394-5981~2(편집)   031-955-6980(마케팅)
팩스   031-955-6988

ISBN 979-11-90118-68-2 (13980)

• 북커스(BOOKERS)는 (주)음악세계의 임프린트입니다.
• 값은 뒤표지에 있습니다.
• 파본이나 잘못된 책은 구입하신 서점에서 교환해 드립니다.